青鸟新知

探虫记

昆 虫 行 为 解 读

〔英〕罗斯·派珀 — 著

赵婕 — 译

詹志鸿 — 审订

江苏凤凰科学技术出版社·南京

图书在版编目（CIP）数据

探虫记：昆虫行为解读 / （英）罗斯·派珀著；赵婕译. -- 南京：江苏凤凰科学技术出版社，2025. 3.

ISBN 978-7-5713-4951-6

Ⅰ. Q96-49

中国国家版本馆CIP数据核字第2025A0J676号

江苏省版权局著作权合同登记图字：10-2023-301 号

探虫记：昆虫行为解读

著　　　者	〔英〕罗斯·派珀
译　　　者	赵　婕
审　　　订	詹志鸿
封 面 绘 图	徐　洋
总　策　划	傅　梅
策　　　划	陈卫春　王　崇
责 任 编 辑	段倩毓　王　艳
责任设计编辑	蒋佳佳
责 任 校 对	仲　敏
责 任 监 制	刘　钧

出 版 发 行	江苏凤凰科学技术出版社
出版社地址	南京市湖南路 1 号A楼，邮编：210009
编 读 信 箱	skkjzx@163.com
照　　　排	江苏凤凰制版有限公司
印　　　刷	南京新洲印刷有限公司

开　　　本	710 mm×1 000 mm　1/16
印　　　张	13.75
插　　　页	4
字　　　数	280 000
版　　　次	2025 年 3 月第 1 版
印　　　次	2025 年 3 月第 1 次印刷

标 准 书 号	ISBN 978-7-5713-4951-6
定　　　价	78.00 元

图书如有印装质量问题，可随时与我社印务部联系调换。联系电话：（025）83657632。

目录

CONTENTS

导读

　　我可能有些偏见，但我认为昆虫是我们共同生活的这个星球上，最吸引人的生物。从蹒跚学步的时候开始，我就被昆虫深深地吸引了，但这对我居住的院子和更大范围的社区中的各种小动物来说，可不是个好消息。我常用自己小巧且脏脏的手指将那些不幸的甲虫和毛虫从它们的藏身之处翻找出来，关进塑料桶里，而且常常把它们放在一起，环境也十分恶劣。我最喜欢的是一种紫色的步甲。那时，我并不知道它到底叫什么，我只知道它个儿大，身体呈紫色，带有金属光泽，应该能在桶里待上一段时间。这可能就是所有"祸害"昆虫的人们开始的方式。

　　当你花时间去寻找并观察这些昆虫时，你就开始理解，它们的多样性是多么惊人。它们的外形多样，而且大都十分奇怪，比科幻怪物还奇怪。它们的生活方式也多种多样：微小、近亲交配的蜂在其他昆虫的卵中度过整个生命周期；毛虫欺骗蚂蚁，让它们相信自己是它们的姐妹；甲虫利用臭气分泌物，引诱苍蝇送死……

　　昆虫的生活如此丰富，你可以将昆虫的生活轻松填满十本内容丰富的大部头的书，然而，我们对它们的了解仍然只是皮毛。迄今为止，已经有超过 100 万种昆虫得到了描述，但仍有数百万种还有待描述。我们对已经描述的昆虫的了解通常也非常有限。对于绝大多数种类的昆虫，我们对它们生活的点点滴滴了解甚少。昆虫被忽视，往往因为它们的体形很小。除了被忽视，它们也会被人们诟病，因为少数种类的昆虫会啃噬作物，在人们家中胡闹，或者向人及其家中的宠物和牲畜传播疾病。

　　我们都认识昆虫，但它们究竟是什么呢？就让我们从头说起吧！昆虫属于动物。你、一只忙碌的甲虫、一只海葵，都有着生活在大约十亿年前的共同祖先。我已经记不清自己读到或听到过多少次"动物和昆虫"这样的说法。如果你读到或听到这种说法，那么你就有责任去纠正它。

　　说得具体点，昆虫是节肢动物门昆虫纲的总称。

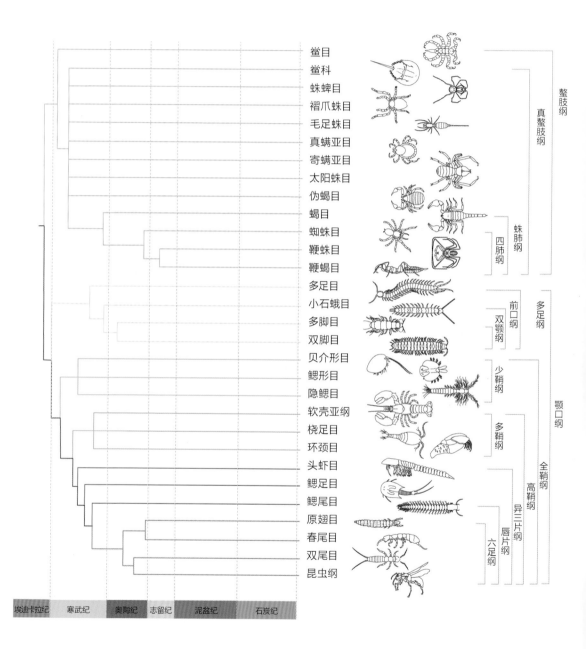

这幅系统发育树（phylogenetic tree）展示了各类节肢动物之间的关系,揭示了昆虫其实是甲壳动物。

什么是节肢动物？

节肢动物就是我们通常所说的"虫子"，或者用贬义的说法，就是"爬行的恶心的东西"。昆虫是迄今为止种数最多的动物群（已知有125万种，且物种数量还在增加），比所有其他动物种数加起来还要多。节肢动物门包括六足动物总纲（昆虫纲、弹尾纲、双尾纲和原尾纲）、蛛形纲（例如蜘蛛、鲎）、甲壳纲（例如虾、蟹）、重足纲（例如马陆）、寡足纲、唇足纲（例如蜈蚣）、结合纲。这是一个令人难以置信的多样化动物群体，它们共享以下特征：

· 拥有关节肢。

· 外骨骼的主要成分是几丁质，外骨骼常常由碳酸钙加固。

· 为了让身体生长，外骨骼必须定期蜕皮。

· 身体分节，每节通常有一对附肢。

从演化的角度看，昆虫是一类陆生的甲壳动物。它们现存的近缘目是两个神秘的甲壳动物群体——鳃尾目和头虾目。前者是罕见的洪穴居民，后者是生活在海洋沉积物中的微小动物。昆虫的起源可以追溯到很久以前，可能是大约4.8亿年前的早奥陶纪。从那时到现在，地球已经经历了一系列演化，昆虫也适应了陆地生活，并将陆地作为自己的家园。

什么是昆虫？

昆虫是一种特殊的节肢动物，它们都具有以下特征：

· 拥有由头、胸、腹三部分构成的身体。

· 有的拥有复眼，有的拥有单眼。

· 拥有一对触角。

· 拥有翅膀。（部分昆虫二次失去）

在漫长的演化过程中，昆虫的形态经过时间和环境的精心雕琢，成为我们今天看到的样子。

以任何标准来衡量，昆虫都是最成功的陆地动物。它们以庞大的数量与令人眼花缭乱的生活方式，牵引着陆地领域的每一条线索。昆虫成功的秘诀是什么呢？

︿ 时间和自然选择将昆虫塑造成令人眼花缭乱的
多种形态，这些形态可以分为大约 28 个目，上
图展示的是其中一部分。研究这些目的演化关系
是昆虫学令人着迷的一部分。例如，白蚁实际上
是一类具有社会性的蟑螂，跳蚤是寄生的蝎蛉。

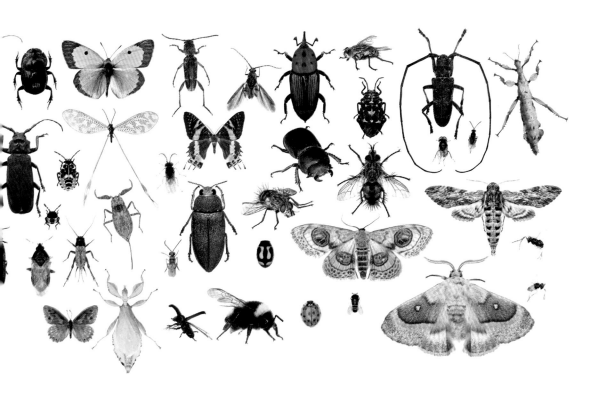

< 水生昆虫有光滑的外骨骼和桨状的足。

外骨骼

外骨骼不仅仅是一套坚固而轻盈的铠甲。昆虫的外骨骼由几丁质构成，它必须为所有肌肉提供附着点，这通过微小的内突来实现。外骨骼必须保持内部的物质在里面，外部的物质在外面。至关重要的是，它需要防止水分过度流失，因为脱水是所有陆地生物面临的终极挑战。一层蜡质能防止昆虫变成干瘪的壳。昆虫的外骨骼从极其精细（如蜉蝣这类短暂生命的外骨骼）到几乎坚不可摧（如恰如其名的铁甲虫和一些象鼻虫的外骨骼），各不相同。外骨骼和肌肉使得最早一批昆虫能够在陆地上生活。但外骨骼也存在一个主要缺陷，即它的弹性比较差。因此，昆虫在需要生长时，必须摆脱旧的外骨骼，并生长出一副新的。这听起来简单，有点像蛇蜕皮，但实际上要复杂得多。外骨骼首先延伸到昆虫的喉咙，覆盖其前肠，再通过肛门延伸，覆盖后肠。

∨ 左边这只蠼螋刚刚蜕去了旧的外骨骼，新的外
　骨骼是苍白而柔软的。

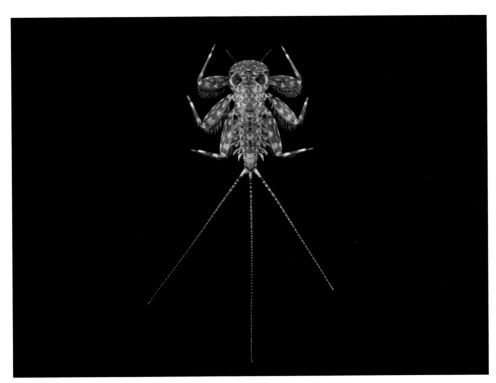

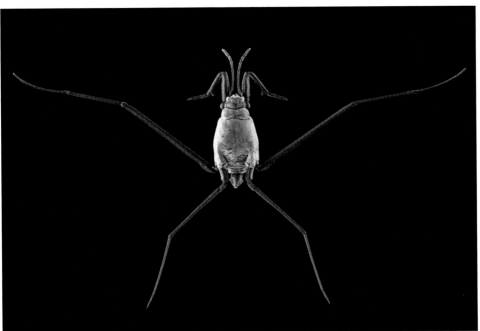

∧ 上图：为了适应在流水中生活，生物演化出了扁平且符合流体动力学原理的形态，比如这里展示的蜉
蝣若虫。
下图：水黾生活在海水开阔的表面，它们拥有防水能力出色的外骨骼。

〈 昆虫的四足呈现出各种形态。三锥象甲的后足可用于防御或求偶。

∧ 甲虫的外骨骼最像盔甲，比如这只隐翅虫。

　　外骨骼还覆盖着那些极其细微的气管，气管负责将气体输送到昆虫体内的所有组织，并将这些组织中的废气输送出来。所有外骨骼必须更新，以便昆虫能够生长。整个过程是一种由激素精确控制的奇特自然现象。新的外骨骼必须在旧的脱落前合成并准备好，而蜕掉旧的外骨骼的生理过程充满了危险。不仅如此，当昆虫最终蜕掉旧的外骨骼时，新的外骨骼还是柔软可塑的，这时昆虫处于极度脆弱的状态。考虑到所有这些，任何有这样外骨骼的动物能在地球生命史上留下浓墨重彩的一笔，真是让人惊讶。至于这样的外骨骼的缺点，被它为昆虫提供的保护和机会所弥补。

　　如果你仔细观察昆虫，你会被它们的颜色所吸引。它们有令人目眩的各种色彩，从叶甲的鲜红色到长腿苍蝇的深沉的、有金属光泽的炫彩。这些颜色可以由色素形成，但对于具有金属光泽的炫彩的昆虫，它的颜色是由外骨骼的晶体结构对光的散射形成的。在我的眼中，昆虫看起来就像有生命的宝石。

外骨骼还装饰着各种突出物，这些突出物看起来像毛发、刚毛和鳞片。这些突出物具有多种功能。蝴蝶的翅膀覆盖着大量的鳞片，这些鳞片赋予翅膀各种颜色和各样图案。这些鳞片相当于鳞毛，为蝴蝶保温和提供安全保护，并抵御捕食者的攻击。许多甲虫身上黏附着各种色彩的鳞片，这些鳞片很容易脱落。

外骨骼还包裹着昆虫的附肢，这些附肢的形状和大小各异。头部附肢已经演化成各种"剪刀""注射器"和"锯子"，可以用来迅速处理食物。口器旁还有被称为触须的细小结构，触须主要用来品尝和操控食物。从头部伸出的是一对触角。某些昆虫的触角几乎是看不见的，但在其他昆虫中，触角非常精致，布满了感官坑，用于探测食物和异性。昆虫的足具有与脊椎动物相似的结构，有髋节、股节、腿节、胫节和跗节。跗节通常带有一对爪。自然选择在这个基本的肢体形态上创造了奇迹。例如，你可以看到很多不相关的昆虫都拥有用于抓取猎物的猎食型足。

∨ 外骨骼上的突出物包括各种刚毛和鳞片，例如
  蛾身上有毛茸茸的覆盖物。

⟨ 这种坚果象鼻虫的颚位于其长鼻子状口器的顶部。

有一些昆虫，例如蝼蛄，它们的足非常适合挖掘，而其他一些昆虫则拥有强壮的后足，这赋予其出色的跳跃能力。有些叶蝉甚至在足的上部"装配"了齿轮，当它们跳跃时，足部能完美地保持同步。如果你曾经看过跳甲或者这些叶蝉的动作，你就会明白昆虫是无可争议的跳跃冠军。

翅膀与飞行

昆虫外骨骼最重要的演化就是翅膀。仔细观察昆虫的翅膀——如果可以的话，用显微镜好好观察吧——它们可是自然界中最优雅的结构之一。在夏季观察一只悬停在空中的食蚜蝇，你会惊叹于它如何使用翅膀——它使其他飞行动物显得有些笨拙。食蚜蝇飞行的精准度远超大多数体格更大的飞行动物。

翅膀在昆虫的演化过程中出现得非常早，大约在 4 亿年前，比脊椎动物开始飞行早了至少 1.7 亿年。昆虫翅膀的起源一直存在很大争议，最近的研究表明，它们可能是从腿演化来的。不论翅膀的起源如何，这一演化完全改变了昆虫的命运。翅膀的肌肉组织日益精细，为昆虫提供了各种可能性。飞行使昆虫能够更好地躲避敌人、猎取猎物、寻找配偶和新的栖息地。长距离飞行的能力通常并不属于昆虫，但蝴蝶、蛾、食蚜蝇、甲虫和其他许多昆虫每年都会进行大范围的迁徙——凭借翅膀飞行——这是大自然的奇迹。

昆虫，如食蚜蝇，其独特的飞行能力依赖于高效、巧妙的系统，该系统精妙地将翅膀肌肉的强大力量与翅膀和胸部的肌肉的弹性结合起来。在飞行技巧最高超的昆虫中，当胸部肌肉收缩以抬升翅膀时，胸部会发生扭曲。然后，连接胸部前后部分的肌肉收缩，具有弹性的胸部恢复原状，翅膀随之向下扇动。

〈 螳蛉的精致后翅通常不被看见，因为它们巧妙地
收折在第一对坚硬的翅膀下面。

∧ 食虫虻之所以能够飞行，很大程度上要归功于
它们的平衡棒——在这里可以看到其中一个（图
中画圈处）。

　　能够极快地拍打翅膀的昆虫拥有一种仅属于昆虫的特殊肌肉——所谓的非同
步肌肉。正常肌肉的每次收缩都需要神经电信号的刺激，但非同步肌肉可以在每
个神经电信号中收缩多次，因此昆虫翅膀就有能力进行速度极快的拍打。就一些
小蠓虫来说，拍打翅膀的频率可以每秒超过1000次！的确，如食蚜蝇和小蠓虫
这样的真蝇类，才是真正的飞行专家。在这些昆虫中，第二对翅膀已经退化为极
小的残根——平衡棒。这个微小、不起眼的结构对于苍蝇的飞行至关重要，因为
它们与翅膀一起扇动，就像微小的环动仪。苍蝇利用来自平衡棒的信息微调其在
飞行中的位置，并精确控制驱动翅膀和稳定头部的肌肉。

　　甲虫的第一对翅膀经过大幅改造，形成了覆盖在腹部上方坚硬且具有保护作
用的鞘翅。鞘翅对甲虫的生存至关重要，因为它们让柔软的腹部得到了更好的保
护，并使得甲虫能够在软体动物会被压扁的地方生存，比如树皮各层之间的狭窄
空间。

微型化

我们忽视昆虫,因为它们通常是体形微小的动物,但微型化是它们得以成功生存的另一个重要原因。较小的身体在制造和维护方面的"成本"较低,尤其是制造和维护解决通风、营养分布和排泄等问题所需的各种系统。小型动物也能利用大型动物无法接触的小生境。

虽然昆虫体形小,但它们的结构极为复杂。别忘了,昆虫都拥有组织、器官和系统。蜜蜂的大脑有大约 85 万个神经元,蜜蜂能做出复杂的行为,所以我们不能把"小"等同于"简单"。

昆虫是少数几种通过将极端复杂的生物结构压缩到一个微小的空间来实现微型化的动物之一。微型化的冠军一定是有着惊人变化的寄生蜂。寄生蜂可能是所有昆虫中种类最多的,但是因为对它们的研究不足,所以很难准确估计有多少种。有些寄生蜂的体形非常小,比某些单细胞生物还小,甚至句子末尾的句号都可以轻松容纳几只。这怎么可能? 一个由数万个细胞组成的身体怎么可能如此微小? 缨小蜂的头部内有一个大脑,大脑通过神经索和神经与身体的其他部分相连。最小的缨小蜂,它的大脑仅由 4 600 个神经元组成,这些神经元能够处理从感官传入的信息,以控制复杂的行为,如飞行、行走、寻找配偶和寄主。此外,这些微小的身体还包含肌肉、复杂的肠道、相当于肾的器官及许多其他器官。

为了变得非常小,这些微小的昆虫已经简化了一些器官,但细胞只能缩小到一定程度,因此只能进行更为激进的演化。缩小细胞的一种方法,是去除细胞核。这发生在这些微型昆虫的中枢神经系统中,从而使更多的细胞填入每个空间。这些昆虫的神经纤维如此细,很可能无法以正常方式工作,因此有人提出,它们的神经系统可能是机械的,而不是电的。

这些蜂的体形微小,使它们能够利用最小的生境,许多蜂便在其他昆虫的卵中完成发育。就最小的缨小蜂来看,没有眼睛、没有翅膀的雄蜂始终留在寄主的卵中,并与所有的雌性姐妹交配,然后才分散。

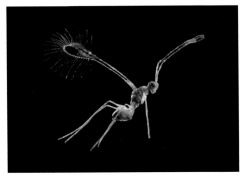
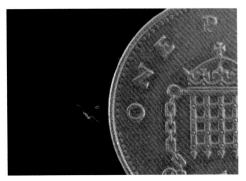

∧ 这只缨小蜂（左）身体长约 0.8 毫米，与它的许
  多近亲相比，它相当巨大。为了展示这只缨小
  蜂有多小，这里将它和一枚一便士硬币（右）进
  行对比。

变态

自然界中很少有现象像昆虫变态那样令人惊叹。昆虫从幼虫变成蛹，最后变成成虫，过程简直令人难以置信。当你看到一只毛虫或一只蛆，再看到它们变成飞蛾、蝴蝶或丽蝇时，你很难理解这些截然不同的动物究竟有何关联，更不用说它们实际上是同一种动物了。几千年来，昆虫的变态过程一直吸引着人们，这正是昆虫生存得如此成功的原因之一。昆虫中种类最多的类群——甲虫、苍蝇、黄蜂、蜜蜂、蚂蚁、蝴蝶和蛾，都经历过变态。有些甚至经历了所谓的复变态，即一只活跃的初孵幼虫变成类似蛆的幼虫，幼虫生长、化蛹，长至成虫。

通常，昆虫的幼虫看起来像是容易攻击的目标。它们大多是软体的，且移动缓慢。确实，有很大一部分昆虫幼虫被病原体、寄生虫和捕食者消灭，但是这一不足，在其从一种形态变为另一种形态的过程中被弥补。关键是，幼虫阶段和成虫阶段的分离，允许昆虫在生命周期中出现劳动分工。幼虫是进食机器，专注于生长；而成虫负责享受所有乐趣，可以花时间交配和寻找新的生存处所。这种策略的另一个高明之处在于，由于幼虫和成虫差别巨大，并且通常生活在不同的地方，因此它们不会争夺资源。

蛹曾经被认为是昆虫生命周期中的休息阶段，但实际上并非如此。蛹的平静外表掩盖了其大量的活动。在一系列完美协调、由激素控制的步骤中，幼虫的身体被拆解，成虫的形态被构建起来。

变态是真正奇妙的现象，它使一种昆虫拥有两种形态。这张图片分别展示了吉丁虫的三个阶段：幼虫、蛹和成虫。

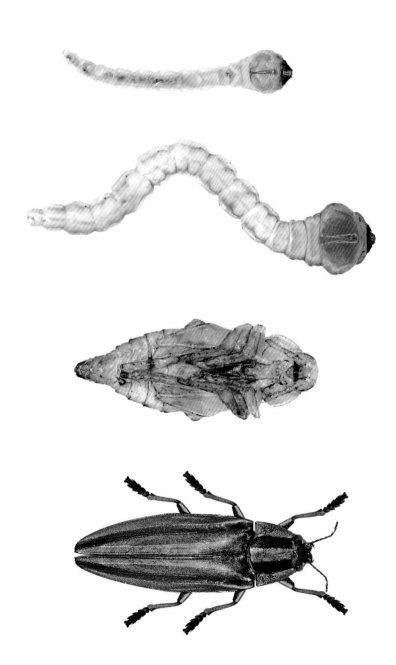

关于变态这种奇妙现象，仍然有很多知识需要去探索和了解。人们曾经认为，幼虫的所有组织都会在化蛹过程中分解，成为一种"肉汤"，但新的研究已经表明这种认识是错误的。幼虫的一部分组织会被分解，新的结构（如肌肉）会从被称为成虫盘的细胞集群中发育出来；但其他组织（如肠道、气管和部分神经组织）会被保留并重塑。成虫盘甚至在化蛹前就可能处于活跃状态。实际上，幼虫形成的记忆（是的，昆虫也有记忆）会在成虫体内保留下来，因此在这一转变过程中，必须保持神经细胞之间的连接。

感官

昆虫的感觉器官和大型动物一样精细，但由于昆虫体形小，我们往往忽视了昆虫感觉器官的复杂性。通常肉眼无法看见昆虫的感官结构。仔细观察昆虫，也许需要借助显微镜，你会发现它们拥有一系列感官——这些敏锐的感官正是它们取得成功的原因之一。

昆虫的体表和体内有感觉细胞，可以感知伸展、弯曲、压缩和振动。许多感觉细胞被用来感觉环境，比如感觉空气的微小运动，空气运动表明猎物或者捕食者可能在接近。其他感觉细胞则提供关于身体位置或方向的信息。居住在巢穴中的昆虫，眼睛因为环境黑暗而派不上用场，它们大多有长长的感觉毛（毛发状感觉器官），用感觉毛来探测猎物的移动。某些甲虫和真蝽的感觉器官甚至已经演化到能够探测红外线的程度。这些昆虫的幼体只能在烧焦的树木中发育，它们能够凭借强大的热感应器找到刚烧焦的树木。

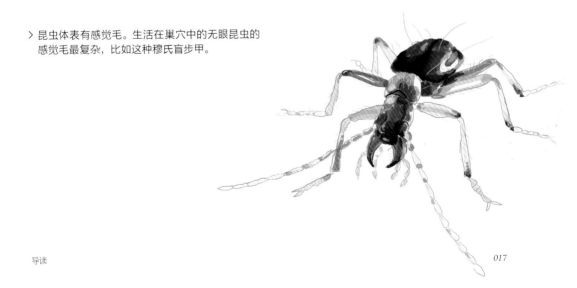

﹥ 昆虫体表有感觉毛。生活在巢穴中的无眼昆虫的
　感觉毛最复杂，比如这种穆氏盲步甲。

并非所有的昆虫都能像哺乳动物那样，利用类似鼓膜的结构探测空气的振动来感知声音。可以接收微小振动的感觉器官非常常见。有些昆虫的确有类似鼓膜的器官，这种器官具备动物界中最敏锐的听觉能力。真螽的听觉器官位于胸部，蚱蜢、蝉和蛾的听觉器官位于腹部，而蟋蟀和螽斯的听觉器官则在前足胫节基部。

已知昆虫中最灵敏的听觉器官属于一种寄生蝇——赫色双耳嗜蝇，这种蝇的寄主是蟋蟀，它利用蟋蟀的歌声来确定蟋蟀的位置。根据雄性蟋蟀歌声的来源，寄生蝇微小的耳膜会在稍有不同的节奏内振动。这种差异可能只有 500 亿分之一秒，但它足以让寄生蝇直接找到正在歌唱的雄性蟋蟀。寄生蝇不需要停下来聆听，它只是精确地识别声音的来源。即使蟋蟀在被定位的过程中停止歌唱，寄生蝇仍然可以根据最后一次听到的声音大致确定蟋蟀的位置。

昆虫对化学物质的探测能力，即味觉和嗅觉，极其敏锐。你在昆虫身上找不到类似哺乳动物那样的鼻子，但是它们身上布满了各种探测化学物质的感受器。这些感受器通常集中在口器上，但也可以在某些昆虫的触角，以及某些昆虫的足和产卵器上找到。许多昆虫的生命周期取决于从远处探测配偶和食物的能力，因此它们感知空气中单个分子的能力非常惊人。利用动物的腐烂残骸来供养幼虫的苍蝇和甲虫，可以在数英里外探测到死亡的化学信号。昆虫成虫的寿命通常很短暂（有时只有几小时），并且探测到愿意交配的配偶的时间窗口极小，因此雄性昆虫必须探测到雌性散播到空气中的微弱气息。鉴于这一点，雄性昆虫通常拥有复杂的触角来完成这项工作。雄性昆虫华丽且通常呈分枝状的触角，实际上是能够筛选空气中单个分子的分子筛。通过追踪这些分子浓度增加的方向，雄性昆虫最终将被引导至潜在的配偶处，除非它被其他雄性抢先一步。

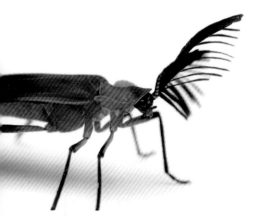

〈 这种雄性萤火虫的触角能够探测到雌性释放的微量雌性信息素，雄性萤火虫能借此找到配偶。

∨ 许多昆虫的听觉器官都非常灵敏。金蛉蛉的听
   觉器官（图中画圈处）在前足上。

　　昆虫的眼睛真的很炫酷。通常，它们拥有不止一种类型的眼睛——复眼和单眼。单眼其实并不简单。单眼是精致微小的结构，能够感知光线。其中一种类型的单眼——侧单眼，可能有解析附近物体轮廓的能力。另一种类型的单眼——背单眼，只会和复眼一起出现。人们认为背单眼可能在调整复眼对光强度的敏感方面至关重要。

　　复眼可以相对巨大，在某些昆虫中，头部几乎只有眼睛。每只复眼都由被称为"小眼"的独立的、排列紧密的单元构成。每只小眼都有一个透镜和感光细胞，因此每只小眼都能捕捉到图像，并将其传输至大脑。直到最近，人们还认为这种结构只能提供较低分辨率的图像。然而，复眼晶体中的感光细胞会快速且自动地移动，以对准焦点，这就提供了比之前认为的更为清晰的环境视图。复眼不仅能够让昆虫清晰地看到世界，还有非常宽的视野，在追踪运动方面，能力超群。许多昆虫还可以探测到人眼无法看见的光。

∧ 蝶角蛉的复眼分为两个部分。上部仅对紫外线
 敏感。下部对蓝绿光区波长范围内的光更加敏
 感。这可能对它们寻找天空中的猎物有帮助。

繁殖潜力

"像苍蝇一样繁殖"这样的说法是有依据的。事实上,昆虫通常具有很强的繁殖力。许多雌性昆虫产下大量的卵,通常有数百枚。像油甲这样生命周期复杂且奇特的昆虫,必须产下数千枚卵,以抵消后代中仅有少数能存活至成年的情况。顶级的产卵者则是蚁后和白蚁后。一只白蚁后在其漫长的生命中,可能会产下超过1 000万个后代,但与一些切叶蚁的蚁后相比,这还算是少的,后者在一生中能产下1.5亿个后代。

雌性昆虫产下的大部分卵都会孵化,并且在几种昆虫中,世代时间非常短。蚜虫尤其以世代时间之短闻名,某些种类的蚜虫,世代时间只有5天。在理想条件下,繁殖力最强的昆虫种群数量会爆炸性增长。大量的卵和极其短暂的世代时间,并不是这些昆虫繁殖成功的全部因素。雌性昆虫可以存储一次交配获得的精子并使其一生可用——让这些精子为将来产出的所有卵授精。在已知个体数量的

探虫记 | 昆虫行为解读

昆虫种群中，种群中的雌性通常比雄性多，因为少量雄性便可以满足大量雌性对精子的需求。在蚜虫、蓟马、竹节虫和许多其他昆虫中，这种趋势已达到极致。雄性要么只出现在雌性生命周期中的一段，非常稀有；要么雄性已完全消失，只留下单性生殖的雌性不断产生自己的克隆体。这就是为什么大量蚜虫会在植物上聚集出现，仿佛凭空出现一样。

通常来说，所有这些因素结合在一起意味着，昆虫非常擅长繁衍更多的后代。疯狂繁殖最重要的影响可能是能产生大量突变，其中极小部分突变是有益的，使昆虫有能力适应不断变化的世界。当我们考虑消除昆虫的抗药性时，这一点最容易理解。当我们向环境中大量施用新的杀虫剂时，初始效果非常明显。目标昆虫似乎被消灭了，但总会有一些幸存者，这一小部分个体恰好拥有对杀虫剂免疫的突变。这些具有抗药能力的个体将继续繁殖，将抗药能力传给它们的后代。在相对短的时间内，种群中的所有昆虫都会具备抗药能力。这就是演化过程，同样的演化过程适用于昆虫生活的每一个方面。总会存在一些遗传资源，允许昆虫适应生活中的各种挑战。

∨ 蚜虫可以发挥无性生殖的能力，快速建立起庞大的种群。

< 石蛾用丝、蜗牛壳和植物碎片建造巢穴的能力完全是天生的。

∧ 这是一只雌性蛛蜂和它的猎物。蛛蜂以特定的方式寻找和捕杀猎物，以及为后代准备巢穴的行为，都基于大脑中固有的程序。

复杂的行为

昆虫的行为丰富多样。从复杂的生命周期，到寻找食物和配偶，再到躲避众多天敌，昆虫的行为都令人惊叹。它们的许多行为都出于天性，换句话说，我们看到的行为编码都刻录在它们的 DNA（脱氧核糖核酸）中了。这包括非常复杂的行为。当我们看到一只石蛾制作其奇特的保护壳，或者看到一只猎蜂在把猎物蜘蛛带回巢之前仔细地剪掉其足，很难相信这些复杂的行为不是学来的。事实是，石蛾和猎蜂不需要学习这些知识——这是它们的固有行为——这些知识已经以某种方式刻录在了它们的 DNA 中。

尽管我们观察到的昆虫行为大多是天生的，但有些昆虫可以根据经验改变行为。换句话说，它们也拥有学习能力。要了解这种学习行为有多复杂，你只需看看蜜蜂就可以了。工蜂在成功采蜜返回后，会跳一种奇怪的舞蹈——摇摆舞。人们对此早已知晓，可能从开始养蜂时就知道了，但要理解其含义，需要借助动物行为学家卡尔·冯·弗里希（1886—1982）的天才解读。这种"舞蹈"绝不是庆祝舞蹈，而是工蜂使用象征性的语言来告诉同类关于食物、水源和新巢穴位置的信息。这些小昆虫能记住并向同类传递这些信息，以供同类学习，这真是令人大感惊叹的事情。

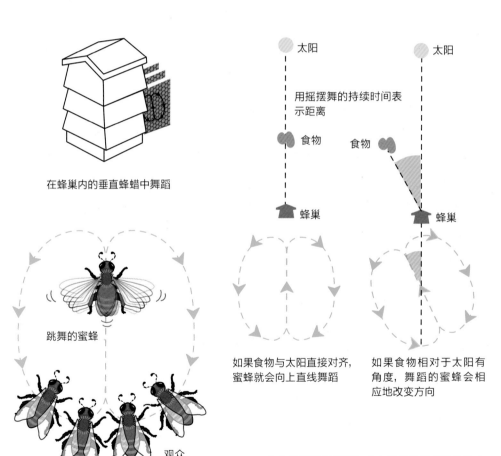

在蜂巢内的垂直蜂蜡中舞蹈

跳舞的蜜蜂

观众

用摇摆舞的持续时间表示距离

太阳

食物

蜂巢

太阳

食物

蜂巢

如果食物与太阳直接对齐，蜜蜂就会向上直线舞蹈

如果食物相对于太阳有角度，舞蹈的蜜蜂会相应地改变方向

∧ 蜜蜂的摇摆舞是已知令人印象最深刻的动物交流形式之一，它是说明至少一些昆虫具有复杂学习能力的证据。

其他一些关于昆虫的最新研究发现，蜜蜂能够计数，而且能够分辨两个符号的异同。不仅如此，经证明，社会性蜂能识别其他黄蜂物种的模样。这些例子表明，一些昆虫具有令人印象深刻的认知能力。

关于昆虫的学习能力，我们还有很多未知，我们也仅停留在初步探索阶段。在已经描述的超过 100 万种昆虫中，仅有少数几种被研究，以测试它们是否具有学习能力。目前我们的大部分认知来自社会性昆虫，这些昆虫会学习，这一点并不令人惊讶，因为它们生活在大型、复杂的群体中，个体之间不断互动，传递关于食物、威胁等各种信息。

关于这本书

在这本书中，我们将对昆虫的生活进行探索。在约 25 万字的篇幅内，我不得不精选在每一章中使用的例子——我主要关注令人惊叹的部分。请记住，昆虫是一个庞大的动物群体，其物种数量远超其他动物群体的总和。虽然我们只对少部分昆虫物种研究得较为深入，但这些"已知"的生活方式已经显示出了惊人的多样性。即使是众所周知的物种，也仍有新的发现等待我们，更不用提那些尚未被发掘的昆虫物种。那些已经被昆虫学家描述过的昆虫物种，其生活方式仍是一个谜，还有数百万种昆虫尚待采集和描述。要完全了解所有这些昆虫的生活方式，可能需要成千上万年，需要大批昆虫学家共同努力。你可以想想所有这些物种，包括它们的生活方式，以及它们与其他生物构成的互动网络，这种复杂性简直令人难以想象。

这本书中关于某些昆虫物种如何生活，以及它们为什么这样生活的知识，都是通过耐心的观察得出的。观察通常持续很多年，甚至贯穿昆虫学家的整个职业生涯。这些昆虫学家的好奇心、耐心和奉献精神，与他们得出的见解一样令人钦佩。提出问题并渴望更多地了解地球上的生命，这驱动我们不断探索，我们所有人都应该赞美和培养探索精神。昆虫学尚有巨大的探索和发现的空间，而任何人都可以填补这些空白，这是很棒的一点。观察和研究昆虫可以将你引入一些神奇的地方，但同样，你也可以在自家后院有所发现。你需要做的就是走出去、多观察。希望这本书能让你对昆虫的奇妙生活有所了解，帮助你去理解你在观察它们时可能看到的一些现象，并鼓励你更加仔细地观察这些极为迷人的动物。

I

生命周期

像其他所有动物一样，昆虫也有生命周期——通常从卵开始，经过各种阶段到成虫。从卵到成虫的过程充满了惊喜。

　　从交替进行有性繁殖与克隆自身的蚜虫，到生命周期极其复杂的蠹虫和蜂虻，当我们仔细观察时，我们可以发现昆虫在生长和发育过程中展现了精妙的多样性。

∨ 金蛣蛉正在蜕去旧的外骨骼，以便继续生长。

从卵到成虫

就大多数昆虫物种来看，昆虫的生命始于卵。当你借助显微镜观察这些卵时，可以看出它们通常十分精致。这些卵的大小，小到寄生蜂胶囊状卵的 0.02 毫米长，大到灌木蟋蟀、蜜蜂和甲虫的卵的 10 毫米长。雌性昆虫会尽量把卵产在能让其后代有最好的生活开端的地方。

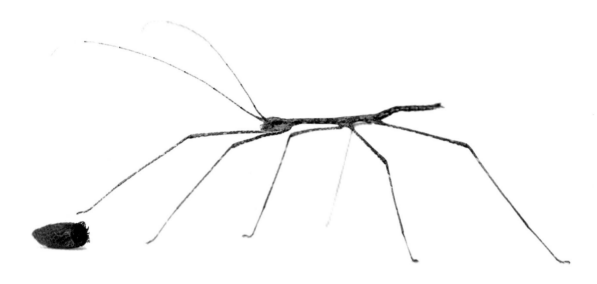

∧ 竹节虫的卵较大，形似种子。

不经历变态发育的昆虫，卵孵化出的是若虫，若虫本质上是成虫的微型版本；而经过变态发育的昆虫，孵化出的是幼虫。幼虫或若虫的生长分为若干阶段，这一过程受到外骨骼的限制。若虫会持续生长，直到长成成虫。成熟的幼虫必须化蛹，才能转变为与之形态截然不同的成虫。

09:51　09:54　09:56　10:04

10:29　10:37　10:38　10:47

11:00　12:39　13:03　13:07

∧ 蜻蜓经历了一生中最具挑战性的几小时——从水
生生物变为空中生物。

分阶段生长

　　有时你可能会发现一只昆虫看起来异常苍白，这通常是刚刚蜕去外骨骼的昆虫。它的新的外骨骼还没有完全硬化——硬化过程需要一些时间。此时它非常柔软，很容易受伤。当成虫从蛹或终龄若虫羽化出来时，它的翅膀小而皱缩，而翅膀必须膨胀并硬化，才能用于飞行。昆虫将自身的血淋巴泵入翅膀，翅膀才能慢慢长到正常大小。昆虫需要足够的空间来完成这一过程，任何压迫其极其脆弱的翅膀的东西，都会阻止翅膀正常充气，让翅膀变得无用。

　　　　　　　　　　　　　　　　　　　探虫记 | 昆虫行为解读

无花果蜂 ｜ 榕小蜂科

多样性和重要性

· 有 750 种无花果。

· 有 10 000 种无花果蜂和它们的寄生蜂。

· 大量的大型森林动物以无花果作为食物。

大多数人可能没见过无花果蜂，这种微小的昆虫拥有非常奇特的生命周期，其中大部分过程都发生在无花果内部，细节必须通过侦探式研究才能拼接完整。无花果实际上是向内生长的花簇。无花果的一端有一个微小的孔，它通过一条狭窄的通道连接无花果的中心腔室。当无花果准备好授粉时，雌性无花果蜂会爬过这条通道。这条通道非常窄，无花果蜂在爬行的过程中会弄丢翅膀和触角。一旦到达无花果的中心腔室，无花果蜂就会忙碌地产卵，同时在花朵间传播花粉。无花果蜂进入无花果的过程是单程的，有去无回，但它的后代会发育成熟，最终长成成虫蜂。雄性无花果蜂在外部世界没有立足之地，它们没有翅膀。它们有强大的颚和足，用以与兄弟们争夺与姐妹交配的权利。获胜的雄性将与它们的姐妹交配，并在无花果的壁上咬出一个洞，它们的姐妹将通过这个洞逃出，飞去寻找属于自己的无花果，同时带走它们出生的无花果上的一些花粉。

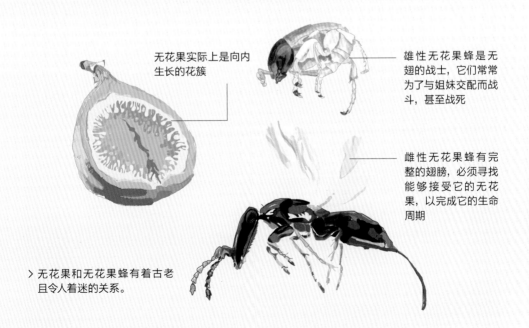

无花果实际上是向内生长的花簇

雄性无花果蜂是无翅的战士，它们常常为了与姐妹交配而战斗，甚至战死

雌性无花果蜂有完整的翅膀，必须寻找能够接受它的无花果，以完成它的生命周期

〉无花果和无花果蜂有着古老且令人着迷的关系。

不寻常的生命周期

在从卵到成虫的生命周期中，昆虫的外形与习性有着巨大的变化，许多昆虫演化出了令人难以置信的生命周期。油甲（芫菁科）会产下数千枚卵，这些卵常常产在花香四溢的小巢穴中，而不设防的蜜蜂可能会在这里觅食。这些卵孵化出来的不是普通的、类似蛆的幼虫，而是被称为三爪蚴的小型、活跃的生物。这些三爪蚴会爬到最近的花朵上，等待蜜蜂前来采集花蜜和花粉。三爪蚴会爬上蜜蜂的背，被带回蜜蜂的巢穴，然后破坏蜜蜂的卵。这些三爪蚴快速吃掉雌蜂在巢穴里为其幼虫准备的食物。油甲的幼虫会长得肥肥胖胖，化蛹成为成虫。一些油甲的三爪蚴增加了另一层复杂性，它们合作模仿雌蜂的样子和气味，以吸引雄蜂。当雄蜂试图与这一团扭动的三爪蚴交配时，三爪蚴会爬上雄蜂的身体并紧紧地附着在上面，等待雄蜂找到真正的雌蜂交配，这样油甲的三爪蚴就可以进入蜂巢了。

那些毛茸茸的可爱蜂虻采取了与油甲相似的策略，即卵孵化成可以移动的三爪蚴，但它们将三爪蚴送到正确位置的方式更为直接。雌性蜂虻会用身体后端摩擦干燥的土壤，以给它的黏性卵增加一些质量。接着，它会悬停在寄主——独居蜂巢穴的上方，将裹着泥土的卵投入巢穴。当蜂虻的三爪蚴孵化出来时，它们会以与油甲相同的方式掠夺寄主的巢穴。

∨蜂虻成虫的可爱外表掩盖了其生命周期的复杂性和令人毛骨悚然的本质。

探虫记 | 昆虫行为解读

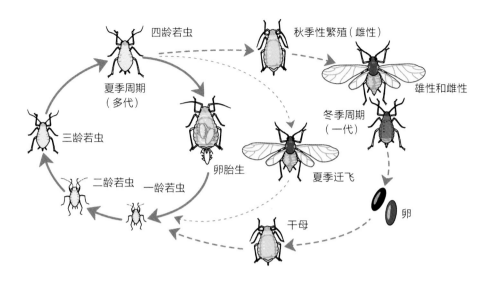

四龄若虫

秋季性繁殖（雌性）

夏季周期
（多代）

雄性和雌性

三龄若虫

冬季周期
（一代）

二龄若虫 一龄若虫

卵胎生

夏季迁飞

卵

干母

∧ 蚜虫是我们熟悉的昆虫，它们的生命周期是所有
　昆虫中最不寻常的。

　　三爪蚴搭乘蜜蜂的便车去劫掠蜜蜂的巢穴已经非常厉害了，但与蠹虫相比，这算不了什么。如果你从未听说过蠹虫这种甲虫，那你就错过了很多。它的生命周期可以说是极其特殊的。它们没有（或者极少有）交配行为，这是一种奇怪的现象。这种食木甲虫中的大部分种群都由能够生出三爪蚴的雌性幼虫组成。三爪蚴蜕皮后会成为无足的雌性幼虫，然后又生出更多的三爪蚴。有时候，这些无足的雌性幼虫会化蛹，发育成雌性成虫。最奇怪的是，无足幼虫产下一枚雄性的卵，雄性卵孵化出的雄性幼虫，把头伸入母亲的生殖器，然后开始从内部吃掉母亲。在这种弑母行为之后，雄性幼虫化蛹，发育成雄性成虫。这种情况并不频繁发生，所以雄性甲虫极其稀少。

　　蚜虫是昆虫中繁殖力最强的物种之一，这得益于它们在生命周期的大部分时间内可以摒弃交配行为。在温暖的天气里，蚜虫会在它们喜欢吃的植物上大量暴发，因为它们不需要浪费种群生存空间的雄性。你在一株植物上看到的雌性蚜虫，可能是几天前一只雌性蚜虫落在那株植物上后产下的克隆体。仔细观察这群蚜虫，你会看到新的克隆体正在诞生。这些克隆体的体内都有另一个正在发育的克隆体，而正在发育的克隆体的体内还有另一个克隆体。

求偶

在两只相互倾慕的昆虫能够交配之前，它们必须找到彼此，对于这些体形微小、寿命通常短暂的昆虫来说，这是一项艰巨的任务。不仅如此，大多数昆虫物种都很稀有，这增加了它们找到配偶的难度。幸运的是，昆虫已经演化出各种技巧来解决这一问题，包括散发气味、歌唱和发光。

昆虫的嗅觉和味觉都十分灵敏，可以用来检测异性释放的信息素。这种方法非常有效，人类已经利用这种气味渠道，通过合成信息素来诱捕那些令人讨厌的昆虫。

许多昆虫也会通过歌唱来吸引配偶。森林、草原以及它们之间的各种栖息地，充满了各种奇怪的声音，这些声音大部分是昆虫发出的。白天的热带森林充斥着蝉的歌声。客观地说，蝉的歌声对我们来说可能不太悦耳，但它们快速振动腹部膜片产生的声音令人印象深刻。蚱蜢和蟋蟀通过摩擦身体发出歌声——蚱蜢摩擦附肢与翅膀、蟋蟀摩擦两只翅膀。为了让更多的听众听到自己的歌声，一些地栖蟋蟀会在具有喇叭般声学特性的洞穴里唱歌。为了达到最大音量，划蝽用阴茎摩擦腹部下方的一些突脊，这样发出的声音音量能够达到99.2分贝。这对于体长只有2毫米的昆虫来说，无疑是了不起的壮举！遗憾的是，声音在从水中传到空气的过程中，音量大幅度削减，我们就无法听见划蝽的歌声了。

∧ 雄性锹甲用巨大的颚与其他雄性战斗。

∨ 划蝽用阴茎摩擦腹部下方的突脊，这样发出的声音音量能够达到99.2分贝。

探虫记 ┃ 昆虫行为解读

∧ 许多甲虫利用光求偶。这张长时间曝光的照片展示了很多甲虫在行动。

　　昆虫还会通过发光来吸引配偶。比如萤火虫，无翅且类似幼虫的雌性会发光，吸引附近飞行的雄性的注意。雄性会落到地面试试运气。在其他会发光的甲虫中，雌虫和雄虫都会发光。

　　求偶和对最佳繁殖地的争夺导致了竞争。竞争能够解释我们在昆虫中看到的一些奇特的、有趣的形态和行为。奇特的形态有突眼蝇的突眼、达尔文锹甲的巨大的颚、虎蛾的奇特附肢、果蝇的巨大精子，以及一些舞蝇的羽状足和可充气的腹囊等。所有这些适应性特征都是繁殖竞争的产物。在许多昆虫中，雄性为了获得交配机会而战斗，而其他昆虫中的雄性则通过比较奇特的装饰来决出谁更强壮。

　　在那些通常由体形最大、武器最强的雄性得到雌性的昆虫中，有时候会平行演化出瘦小狡猾的雄性。雄性高大的体形和华丽的装饰得来并不容易，如果一个弱小雄性能够在没有高大体形或拥有奇特装饰的情况下成功传递它的基因，那么它就会这么做。这方面最好的例子是多彩隐翅虫。

多彩隐翅虫

多彩隐翅虫生活在中美洲和南美洲的雨林中。像许多其他隐翅虫一样，它们维持生存的方式是寻找腐烂的植物和动物，捕食利用这些暂时性资源的成虫和幼虫。在炎热潮湿的热带森林中，生物活动极为活跃，这些"蜜罐"并不会保存很久，所以普通的雄性多彩隐翅虫找到这些资源时，会守护它们，因为这些资源也能吸引雌性，雄性多彩隐翅虫甚至能够依此组建一个后宫。

雄性多彩隐翅虫分为两类：大型雄性和小型、雌性化的雄性。小型、雌性化的雄性可以找到"蜜罐"，但它们几乎无法防御大型雄性，所以它们组建后宫的机会很小。这些弱小雄性演化出了另一种确保将自己的基因传递给下一代的方式。它们将自己的雌性化外表作为伪装，悄悄地绕过大型雄性，然后在后宫主人的眼皮底下，与后宫主人一直小心翼翼地守护的雌性交配。这个策略几近无懈可击，但偶尔雌性化的雄性在后宫中被后宫主人抓到，它唯一能免于被撕成碎片的危险的方法，就是向后宫主人保持自己的雌性化，并完成一次"交配"。在这之后，雌性化的雄性还会继续偷偷地和后宫中的雌性交配，只是可能会更谨慎。

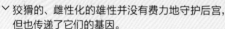
狡猾的、雌性化的雄性并没有费力地守护后宫，
但也传递了它们的基因。

∧ 许多昆虫通过比较眼睛宽度来评估对手。这是
真菌象甲。

仪式性战斗

雄性昆虫之间的仪式性战斗无疑推动了一些奇特形态的演化，有些雄性昆虫
通过比较它们的奇特形态，来决出谁最强。在一些真菌象甲中，雄性会保护雌性，
并且与尝试碰运气的其他雄性抗衡。不过，它们不会真的打斗，它们只是比较它
们的眼柄，眼柄更发达的雄性胜出。

将这种特性推向极致的是苍蝇。苍蝇的眼柄经历了数次演化，最具代表性的
无疑是来自奇妙之岛——新几内亚的突眼蝇。

∨ 很多雄性甲虫有角或者发达的颚，用它们与其他
雄性打斗。

昆虫的聚集

　　人们经常可以看到在暂时性资源（比如粪便、腐烂的水果和腐肉）上，昆虫聚集在一起跳舞和向异性发出信号。同样常见的是，小型昆虫群在灌木丛或者景观的明显高点的上方盘旋，单个的雄性昆虫栖息在类似的高点上。这些明显的行为通常和繁殖有关，称为竞争性求偶。这类昆虫中的雄性聚集在一起，雌性则会前来寻找配偶。较少见的情况是雌雄角色颠倒，雄性来考察雌性。昆虫在聚集时进行了大量的交流，但只有一小部分被我们破译：信息素无疑是重要的，视觉信号也同样重要，比如醒目的颜色和图案，以及膨胀的囊。快速振动翅膀是昆虫发出自己是优质配偶的信号的另一种方式，并且对一些种类的昆虫而言，翅膀振动反射出的光的闪烁频率也很重要。

﹀许多昆虫，尤其是水生昆虫，会大规模涌现，以
　增加找到配偶的机会，并使捕食者不堪重负。

　　　　　　　　　　　　　　　　　　　　　　　　探虫记 ｜ 昆虫行为解读

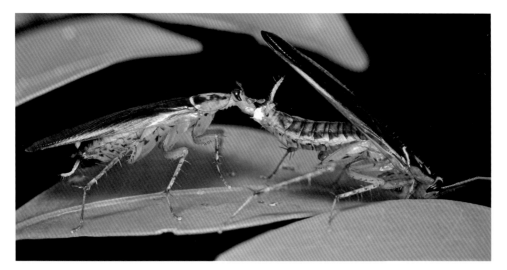

∧ 求爱礼物。雌性蟑螂（左）正在舔食雄性后端腺体分泌的物质。

< 雌性灯蛾的化学防御物质来自雄性的精珠。

求爱礼物

为了使求偶过程更顺利，一些昆虫带来了礼物。这些礼物包括雄性分泌的美味唾液或反刍出的可食用物质、触角分泌物的渗出物、肛门滴液、一些毒素、一份不错的猎物，或最诱人的精珠——包藏着雄性精子的营养丰富的胶状物。所有这些礼物都能使雌性在极短的时间内获得营养，以帮助雌性的卵子成熟。当雌性专注于摄取这些营养时，雄性就有足够的时间与之进行交配，使它的精子较竞争者有更多的机会与卵子结合。

有些昆虫的精珠很复杂，可能包含坚硬的外壳、营养物质和精子。在小白蛱蝶中，雄性提供的精珠占其体重的13%。小白蛱蝶精珠的外壳非常坚硬，以至于雌性的生殖道中有一套颚来咬碎它，以获取精珠的营养物质并释放精子。雌性的生殖道还必须像胃一样工作，以消化这些营养丰富的物质。更为奇特的是，这个精珠是在交配过程中由雄性生殖器的前端在雌性体内形成的。

美丽灯蛾的精珠还包含防御性毒素。在交配的最后阶段，这些毒素会在雌性体内扩散，并进入卵巢，为雌性和它的后代提供一定的抵御捕食者的保护。

关于这些求爱礼物，以及交配过程中传递给雌性的分泌物，我们还有许多要了解的。似乎雄性的分泌物可以通过多种方式影响雌性，比如改变雌性的寿命、繁殖和觅食的行为，以增加"送礼者"传递基因的机会。极端的求爱礼物是雄性昆虫献出自己身体的一部分甚至自己的生命，以最大限度地增加将基因传递给下一代的机会，尽管这种行为也可能演化为雌性控制哪些雄性将是其后代的父亲的一种方式。

通常是雄性昆虫尝试用求爱礼物打动雌性，但也有雌雄角色颠倒的情况。比如雄性摩门螽斯的精珠巨大——大约占体重的30%，因此为雌性所垂涎。雄性在清晨鸣叫几分钟后，雌性就会群情激昂地追逐它。雌性们为了接近雄性和它那巨大的精珠而争斗。即使胜利的雌性爬上雄性的背准备交配，也可能因为体重不够而被雄性拒绝。

在宙斯虫中，雌雄角色也颠倒了，是雌性提供礼物。体形小的雄性宙斯虫骑在雌虫的背上，吸食雌虫分泌的蜡状物质。这种奇特的安排让雌虫得以摆脱不受欢迎的雄虫的关注。

⌃ 这只雌性摩门螽斯身上有一颗它从雄性那里得到的精珠，精珠被胶质外壳包裹着。

‹ 芫菁的交配过程也涉及雄性向雌性传递化学防御物质，这是为了保证繁殖顺利进行。

交配

　　昆虫交配可能用时很短，一瞬间就结束，也可能持续数小时，甚至数天——最长纪录是 79 天，由竹节虫创造。一些雄虫演化出了各种交配前后的守卫策略，试图最大限度地增加自己成为父亲的机会。

　　蜻蜓和豆娘的串联飞行行为就是这样的策略之一。这些昆虫中的雄性，腹部末端有一对特殊的夹子，用来夹住雌性。来自不同雄性的精子会在雌性的生殖道内竞争，因此雄性蜻蜓和雄性豆娘都有勺状的阴茎，用来舀出已经与雌性交配过的竞争对手的精子。

　　与处女雌性交配的冲动如此强烈，它会使一些雄性昆虫疯狂。一只刚刚羽化的雌性独居蜂可能很快就会后悔自己的出现，因为它会瞬间成为一群被激素冲昏头脑，拼命想与它交配的雄蜂争夺的焦点。一旦这只雌蜂找到交配对象，嘈杂的雄性群体就会迅速散开，各自寻找下一只处女雌蜂。雄性刺臀土蜂会将雌蜂直接掠走，将雌蜂带离与自己竞争的雄性。在这些蜂中，雌性无法飞行，且比雄性小很多。一只准备交配的雌性头部腺体散发出信息素，以此来吸引雄性，不久一只雄性就会俯冲下来，带着雌性飞走，找一个安静的地方进行长时间的交配。令人惊讶的是，一些兰花会模仿这些雌蜂的气味和外形，欺骗一只不幸的雄蜂进行毫无意义的交配，在这个过程中，雄蜂为兰花授了粉。

﹀ 雌性洞穴皮蛄有阴茎。雄性骑在雄性身上，用阴茎将自己与对方锁在一起。它们栖息的干燥的洞穴中食物稀缺，雌性想尽可能多地交配，因为雄性的精珠可以提供营养。在这里，雌雄角色发生了反转，雌性变得更渴望交配。

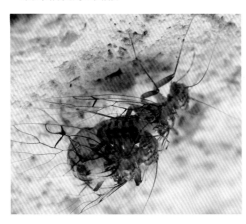
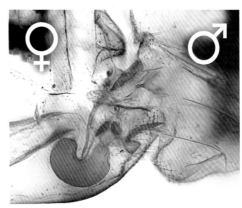

当涉及交配时，雄性昆虫和雌性昆虫往往需求不同。雄性昆虫可以产生大量精子，产生精子的生物学成本很低。本质上，雄性昆虫通过与许多雌性昆虫交配获得更多利益。而雌性昆虫通常需要在产卵方面投入更多的时间和资源，因此雌性昆虫在选择交配对象时会更为挑剔，并视质量胜于数量。这种差异可以很极端，以至于实际上驱动了雌雄之间的演化竞赛。

最典型的例子，也是研究最多的例子，是备受诟病的床虱。如果雌性床虱对求爱的雄性不感兴趣，它会用卷起腹部表示拒绝交配。这种行为促使雄性演化出反制行为，即创伤性授精，这种说法揭示了这种行为的残酷性。被拒绝的雄性用阴茎粗暴地刺穿雌性的腹部，并将精液注入雌性体内，精子会直奔卵巢。当雄性床虱在它们的演化历史上第一次这样做的时候，对雌性来说是个坏消息，因为它们的腹部被刺破，可能会遭遇病痛和死亡。然而，随着时间的推移，雌性床虱已经演化出一种特殊的结构来对付这些生有阴茎的雄性。这种结构可以接收雄性的阴茎，并将对雌性腹部的伤害减到最小。

﹀许多昆虫的雄性可以观察到雌性即将羽化的迹
　象。这只雄性瓢虫正守护着一只雌性蛹，以便在
　其羽化时交配。

∧ 雄性红邮珍蝶在交配时向雌性传递信息素，使
雌性对其他雄性散发出令其讨厌的气味。

　　在其他一些昆虫中，雌雄冲突则更加微妙。例如，在一些蝴蝶中，如红邮珍蝶和小白蛱蝶，雄性在交配时向雌性传递信息素，使雌性气味难闻，这样，其他雄性会避之不及。一些雄性昆虫，例如雄性秋凤蝶，用一种黏性塞粗暴地堵住雌性的生殖道，这种塞子可以长达雌性腹部长度的一半。雄性果蝇则更加卑鄙，它们不仅进行创伤性授精，还使用有毒精液。它们的精液中含有一种腺蛋白，这种腺蛋白会对雌性造成严重伤害。这种腺蛋白诱导雌性在与其他雄性交配前就产卵，这能减小雌性再次交配的可能性，最终会缩短雌性的寿命。这些演化上的"军备"竞赛会走向何方尚未可知，但昆虫们已经产生了一些真正了不起的适应性特征。

∧ 雌性锈斑叶甲用粪便精心地包裹每一枚卵。

∧ 草蛉和其近缘种将卵产在茎的顶部，这能为卵防
　御捕食者提供一定的保护。

∧ 这是雌性锈斑叶甲完整的卵壳。

〉 这是叶背螳的卵鞘。即使有了
这层保护，卵鞘中的所有卵还
是会成为寄生蜂的猎物。

产卵

与昆虫繁殖的其他方面一样，昆虫的卵和产卵方式也是多样的。例如，蚊子会产下一小片像木筏一般漂浮于水面的卵，这样孵化后的幼虫可以立即进入水中。有些昆虫，如螳螂和蟑螂，会分泌一种物质，在卵的外部形成一层坚硬的壳，这层壳称为卵鞘。

竹节虫的卵看起来像植物的种子，会骗得蚂蚁将它们埋起来，从而使这些卵免受寄生蜂的攻击。竹节虫的种子状的卵甚至会被鸟吃掉并传播，而卵因有坚硬的外壳，在鸟的肠道中免于被消化。

草蛉将卵产在细长茎的顶端，这能让卵不被蚂蚁和其他捕食者发现。一些甲虫用粪便制成整齐的外壳包裹它们的卵，然后将卵埋入落叶中。这些卵有时会被蚂蚁捡起，带回蚁穴。

臭名昭著的马蝇如果直接在寄主身上产卵，就会有被毫不留情地拍死的风险，所以它利用其他种类的蝇来完成这一任务。雌性马蝇抓住另一只苍蝇，将卵粘在它身上，再让这不知情的送卵者将卵放到不幸的寄主哺乳动物身上。雌性眼蝇的腹部尖端有点像开罐器，它们能以闪电般的速度将卵插入蜂的腹部。

最老谋深算的产卵者是寄生蜂，它们必须用长到不可思议的产卵器钻入寄主体内，因为许多昆虫幼虫生活在木头深处。雌蜂利用气味和一种类似回声定位的方式来精准定位猎物，然后才会用产卵器钻破木头，并将卵产于猎物体内。

亲代抚育

总的来说，昆虫并不以亲代抚育而闻名。大多数昆虫产卵后就离开，甚至都没有回头再看一眼它们的后代。不过，也有一些令人欣喜的例外，有些昆虫作为父母，是非常尽职的。

> 许多蝇，如实蝇，一次只产一只完全发育的幼虫，幼虫从类似胎盘的结构获得营养。

有一些昆虫不产卵，而是在体内养育幼虫，直到它们发育成熟。尽管实蝇及其同类并不太受欢迎，但它们的繁殖方式令人着迷。雌性实蝇一次只在子宫中养育一只幼虫，幼虫在子宫中以特殊腺体分泌的乳状物质为食。幼虫在母体子宫的安全环境中生长，长达 30 天，出生后立即化蛹。

蠼螋是常见的昆虫，成虫会小心翼翼地照顾自己的卵，将卵精心清洁，确保卵能够孵化成功。孵化出的幼虫会在巢穴中待一段时间，由母亲照顾。甚至当幼虫到地面活动时，这种照料还会继续。在负子蝽中，卵由父亲负责照料。当雌性负子蝽在雄性负子蝽的背上产下卵后，雄性负子蝽会一直背着卵，直到它们孵化。

卷叶象鼻虫用叶子精心制作完美的小包裹，将卵产在小包裹里。它们精准地切割叶片，以确保叶片可以以正确的方式卷起。这对卷叶象鼻虫来说是费时的过程，但这为后代提供了食物，并能防御寄生蜂。

一些龟甲精心守护着它们的卵和幼虫。在某些龟甲中，雌虫会一直陪伴在自己的后代身旁，直到它们孵化并茁壮成长。并且雌虫会伏于所有的后代身上，用自己的身体保护它们。所有幼虫都面向内侧，用粪便盾牌共同抵御冒险接近的捕食者和寄生蜂。盾蝽采用了类似的策略——守护它们的卵，并在一旦察觉受到威胁时，便摆出一些有趣的姿势。

∧ 有些粪甲虫会直接在哺乳动物粪便的下方挖洞，来建造它们的育儿室。

〉 在一粒粪球中，甲虫幼虫迅速发育。雌性甲虫一直守护着正在发育的幼虫。

　　刺腿隐翅虫是富有魅力的小甲虫，它们生活在诸如河口泥滩等迷人的环境中。雌虫在泥浆中挖一个形似酒瓶的小洞来产卵。涨潮时，洞穴狭窄的引洞能阻止水立即涌入主洞内，这给雌虫为小窝堵上泥巴争取到时间。孵化出幼虫后，雌虫会爬出洞，从周围的泥滩中收集藻类来喂养幼虫。大约一周后，幼虫就会独立行动，挖掘自己的洞穴。

粪甲虫承担着一项吃力不讨好的任务——你猜对了——清理粪便！在昆虫世界中，粪便的价值非常高，因为有很多物种以粪便为食，或者以食粪的物种为食。粪甲虫的幼虫通常只吃粪便，所以它们的父母在一堆粪便下或者附近，挖掘复杂的隧道和育儿室，并在育儿室中储存大量粪便。雄性粪甲虫和雌性粪甲虫都有厉害的触角和其他武器，以抵御入侵的敌人。根据物种的不同，雌性粪甲虫会将粪便处理成令人印象深刻的球体，球体中心是空腔，雌性粪甲虫会在这里产一枚卵。当粪球制作完成后，雌性粪甲虫会用更多的纤维状粪便将其封上，然后制作另一个育雏粪球。当所有的育雏粪球都制作完成，雌性粪甲虫会守着它们，不时舔舐它们，我们认为这样做可以抑制真菌生长。雌性粪甲虫可能会留在育雏粪球里，直到它的第一批幼虫成长成虫。

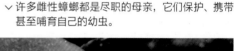

> ↘ 许多雌性蟑螂都是尽职的母亲，它们保护、携带甚至哺育自己的幼虫。

∧ 长喙象鼻虫的繁殖行为有阴暗的一面。雌性长喙
象鼻虫在竹节中咬出一个洞，然后在里面产一窝
卵。一开始，它的幼虫们可以和睦共处，以竹子
为食。然而，最终情况会变得糟糕，其中一只幼
虫开始吃掉它的兄弟姐妹，直到只剩下它一只。

〉 葬甲是被研究得最为透彻的昆虫之一。它们为幼
虫提供美味的尸体作为食物，甚至亲自喂养幼虫。

　　尽管粪便对粪甲虫极具吸引力，但它们中的一些放弃了这一食物来源。在亚
马逊地区，傍晚，你会见到巨大的金属蓝色甲虫飞速掠过，匆忙赶往某处。这是
嗡蜣螂，一种高尔夫球大小的粪甲虫，你一旦见过便不会忘记。它不在森林中寻
找热腾腾的粪堆，而是闻出尸体的味道，将从尸体上剥下的腐肉储存在它的地下
育儿室。我曾看到这些令人印象深刻的粪甲虫将哺乳动物的尸体啃食得几乎干干
净净——这全是为了喂养它们的幼虫。其他粪甲虫就更奇特了，它们会在育儿室
里储存切叶蚁的新蚁后或者马陆。这两种受害者都会在被拖到地下之前，在地面
被干净利落地斩首。

∧ 有些粪甲虫用腐肉而不是粪便来喂养它们的幼虫。在亚马逊的部分地区，嗡蜣螂是能够最先找到腐肉的昆虫之一。

∧ 独居猎黄蜂会不遗余力地建造巢穴，并在巢穴中储存被麻痹的猎物。这是蜾蠃带着象鼻虫幼虫返回巢穴。

　　腐肉，像粪便一样，是昆虫世界的宝贵资源，一些依赖它的昆虫也会在照顾幼虫上花费大量时间和精力。葬甲依赖小型哺乳动物和鸟类的尸体生存，它们凭借敏锐的嗅觉找到尸体，并迅速将其埋葬。葬甲会将尸体部分消化再反刍，将尸体碎片喂给嗷嗷待哺的幼虫。葬甲会精心照顾幼虫，直到它们准备化蛹。

　　有些真菌甲虫在育儿方面，与葬甲一样负责。这些真菌甲虫的幼虫吃真菌，真菌是一种不定期出现的资源。雌性真菌甲虫会在幼虫成长的过程中陪伴它们，并积极引导它们前往新的真菌生长区域。

　　在昆虫中，胡蜂、蚂蚁和蜜蜂展现出最为多样的亲代抚育行为。这些昆虫需要寻找分布零散的食物，它们必须在储存食物的巢穴之间来回穿梭，并且与它们的同类互动——通常是在复杂的巢穴中与大量同类互动。这些挑战推动了这些昆虫演化出复杂的行为。

　　这些昆虫中的大部分是膜翅目成员，是独居动物。到目前为止，已经描述了大约2万种独居猎黄蜂，它们都利用敏锐的感官寻找猎物，并用毒液制服猎物。独居猎黄蜂的猎物包括其他昆虫和蜘蛛。蜂基本上是毛茸茸的，以植物为食。它们寻找的不是动物猎物，而是花蜜和花粉。无论是否是捕食者，这些昆虫都会为它们的幼虫准备巢穴。它们在各种生境中筑巢，例如沙土、植物的空心茎、朽木的空洞等。建造这些巢穴需要付出的劳动是惊人的，正因为如此，独居猎黄蜂就成了我最喜爱的昆虫之一。

　　这些昆虫只有很少一部分被详细研究，而其中，蜂狼可能是被研究得最为透彻的。

欧洲蜂狼

独立的猎人

· 有 135 种蜂狼。

· 所有独居猎黄蜂都会不遗余力地为后代储备食物。

· 几乎所有种类的雄性蜂狼都会划定并用气味标记小块领地，以吸引配偶。

对于雌性蜂狼来说，沙土堤岸、小型沙质悬崖、沙地上的小径，都是理想的领地。夏季羽化后，雌性蜂狼便迫不及待地开始挖掘一条微微倾斜的隧道。它先用颚松动隧道口的土壤，然后像小狗刨骨头一样把土踢到身后。在这一疯狂的挖掘行动中，它可能会稍作休息，从周围的花朵中吸食花蜜，直到挖出一条 20~30 厘米长的隧道。当你考虑到雌性蜂狼的体长只有大约 2 厘米时，你会发现这绝非易事。接着，它开始挖掘第一间育儿室，总共要挖 3~34 间。这些育儿室是它的后代将要生长发育的地方——每间育儿室内都有一只幼虫，每间育儿室都与主隧道相连。

下一步正体现了蜂狼的名副其实，因为它必须找到猎物，猎物就是它的幼虫唯一的食物——蜜蜂。蜜蜂是强大的飞行者，它们视力极佳，会蜇人，所以捕捉和制服它们并非易事。雌性蜂狼在花卉繁多的区域巡逻，凭借极佳的视力最终发现猎物。一只正在花朵上吸食花蜜的蜜蜂就是完美的猎物，这时蜂狼会发动攻击，抓住蜜蜂，用螯针刺穿蜜蜂前足后的薄膜，再以外科手术般的精准度将微量的毒液注入蜜蜂的神经细胞群。蜜蜂几乎立刻就屈服了，肌肉不可逆转地被麻痹。现在蜜蜂已经无力抵抗，蜂狼趁机以一种略显恐怖的方式补充体力——通过吸食蜜蜂的口部，吸干蜜蜂"蜜囊"中的花蜜。蜂狼紧紧抓住无力的蜜蜂，将其贴着自己的腹部，然后飞回巢穴。这将蜂狼飞行肌肉的能力推向极限，同时对蜂狼的导航能力也是一种考验。猎物的质量是雌性蜂狼体重的两倍多，飞回巢穴的路程可能超过 1.5 千米，这对蜂狼的体力是艰巨的考验。

利用太阳的位置与地标，蜂狼回到巢穴，它把蜜蜂拖进黑暗的育儿室。在那里，它舔遍瘫痪的蜜蜂全身，用自己头部特殊腺体分泌的物质将蜜蜂包裹起来。起初，人们认为这些分泌物杀死了微生物，防止蜜蜂在蜂狼幼虫开始享用之前腐

∧ 一只雌性蜂狼将一只被麻痹的蜜蜂带入地下巢穴。

烂。但事实证明真相要有趣得多，蜂狼是用这些分泌物为蜜蜂做防腐处理——填补每一道小裂缝，平滑凸出部分，这样水就没有地方汇集，蜜蜂便能保持干燥，细菌和真菌无法滋生。蜂狼用物理方法打败了细菌和真菌。

　　为育儿储备食物的工作持续进行，每一只辛勤采集的蜜蜂都被雌性蜂狼从采蜜地带回巢穴，采蜜地有时很遥远，直到蜂狼的育儿室中储备了多达 6 只蜜蜂。

∧ 蜂狼(三角掘筑蜂)的巢穴里有 3 ~ 34 间育儿室，
　每间育儿室都储备了多达 6 只蜜蜂。在这间育儿
　室里，有 2 只蜜蜂和 1 枚香肠状的蜂狼卵。

母代蜂狼可以选择产下雌性卵或雄性卵，因为雌性幼虫比雄性幼虫大得多，所以
育儿室需要储备更多的蜜蜂。当育儿室装满了蜜蜂，雌性蜂狼就在其中一只蜜蜂
上产下一枚卵，然后封闭育儿室，留下后代自生自灭。蜂狼幼虫从卵中孵化出来
后，很快就吃完了育儿室里的瘫痪蜜蜂。短短一周内，这只胖乎乎的蜂狼幼虫就
准备好吐丝结茧，然后在茧中沉睡，度过秋季和冬季。

II

捕食与被捕食

昆虫，就像其他所有动物一样，为了生存，必须吃掉其他生物。它们饮食习惯之多样，会让你眼花缭乱。在陆地生态系统和淡水生态系统中，几乎没有一种生物不在昆虫的菜单中。要全面介绍所有昆虫的饮食习性，恐怕需要一整座图书馆的书籍，所以接下来的内容是对昆虫饮食习性的简要概述。

∨ 螳螂是能力极强的伏击捕食者，利用极佳的视力发现猎物，利用猛禽般的足捕捉猎物。

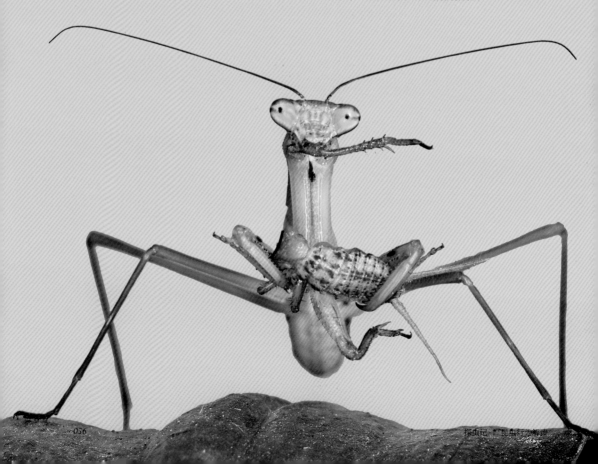

素食者

昆虫和植物的关系可以追溯到大约 3.5 亿年前。昆虫中最常见的饮食习性是以植物为食。地球上植物的多样性有助于解释昆虫种类数量的庞大。在蝗虫及其近亲——真蜻、蛾和蝴蝶等群体中，绝大多数物种以植物为食。

至少在 1 亿年前，当植物发现昆虫是传播花粉的绝佳载体时，昆虫和开花植物的多样性就同时爆发。我们在开花植物中看到的美，并不是开花植物为人类准备的。植物的所有鲜艳色彩和华丽装扮，都只是为了吸引昆虫而做的广告。

所有植物都与复杂的昆虫生态系统相关联。每一种绿色植物至少会有一种昆虫专门以其为食，但通常每种植物都会有几种专门以其为食的昆虫。植物的任何部分都不会被昆虫忽视。根、茎、叶、花、种子、花蜜、花粉和树液都被昆虫们贪婪地享用着，甚至水生植物也逃不过昆虫的注意。

水生草食昆虫

淡水生态系统中充斥着草食昆虫。芦苇甲虫以水生植物（如睡莲）的根为食，它们还能利用植物根部的氧气供应，因此在整个幼虫发育期，它们都可以待在水下。许多水生昆虫专门吃藻类，它们使用特化的口器从岩石上刮食藻类。这些岩石往往位于湍急的河流中，它们用强壮的足、爪子甚至吸盘紧紧附着在滑腻的岩石上。

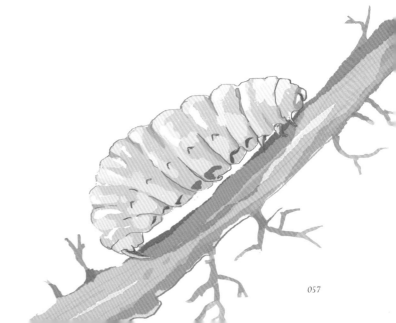

›芦苇甲虫的幼虫以水生植物的水下部分为食。它们能利用植物的氧气供应进行水下呼吸。

∧ 种类繁多的植食性昆虫利用植物毒素为自己谋取
  利益，它们吸收这些化学物质，用来防御自己的
  天敌。帝王蝶就是利用马利筋毒素来做到这一点的。

植物防御

植物产生的化学防御物质种类繁多，其中许多被人类所利用，比如咖啡因、尼古丁和可卡因等。这些化学物质可以通过多种方式对昆虫产生影响。有些仅是抑制昆虫的食欲，而有些可能干扰昆虫发育，使其产卵量减少，甚至导致昆虫死亡。例如，鞣酸非常容易与蛋白质结合，以富含鞣酸的叶子为食的昆虫，可能吃得饱饱的，但因为鞣酸阻止蛋白质被正常消化，所以它们可能生长缓慢或停止生长。值得注意的是，一些植物化学物质还是植物的求救信号。当昆虫食用植物时，植物释放的化学物质会吸引昆虫的天敌，比如寄生蜂。这些寄生蜂前来营救，对正在啃咬叶子毫无防备的昆虫来说，是极为可怕的事情。

植物的化学防御已经被种类繁多的植食性昆虫完全破解，甚至反过来被昆虫利用。一些植食性昆虫利用这些化学物质来寻找并分辨植物食物。对这些防御手段的最大嘲弄是，一些昆虫不仅将这些化学物质作为归巢信号，而且还能吸收甚至改造它们，以为自己提供保护。最过分的羞辱是，许多昆虫用鲜艳的警示色炫耀它们瓦解了这种防御。这些警示色明确地提示我们，昆虫和植物之间正在进行激烈的斗争。

植食性昆虫的生态位

你仔细观察任何一种植物，都会发现围绕它有一个完整的昆虫群落。少数昆虫物种并不挑食，会啃食植物的每一个部分，但其他昆虫会更精细地选择食物，更喜欢食用它们选定的植物的特定部分。毛虫、叶甲和蚱蜢啃食叶子表面。在叶子内部钻洞的则可能是各种潜叶昆虫，通常是苍蝇幼虫或毛虫，但也有叶蜂和甲虫幼虫。

茎可能被蚜虫和其他昆虫啃食，同时也会被苍蝇幼虫、甲虫幼虫和更多的毛虫钻洞。花朵会被甲虫和毛虫啃食，种子将被专门食种的昆虫挖空或整个吞食。在黑暗的土壤中，食根昆虫会吸食根部汁液或啃食根部。

最奇特的莫过于各种利用植物遗传机制的昆虫，它们迫使植物产生大量食物囊泡，即虫瘿。

昆虫体形小，它们食用的植物在景观中可能分布得非常零散——这里一株或那里一小片——所以昆虫必须善于寻找自己依赖的植物。正如每一个园丁所知道的，昆虫在寻找植物食物方面非常在行。从远处看，特定植物释放的化学物质会吸引昆虫，但当昆虫靠近时，植物的外形和颜色也可能变得重要。

昆虫与植物的关系可以追溯久远，在漫长的时间里，昆虫和植物之间展开了激烈的演化竞争。如果植物的叶子营养丰富，这种植物便会被植食性昆虫紧盯，这种植物进行光合作用的能力便严重丧失。这反过来推动了植物各种防御机制的演化，比如长出尖刺、绒毛和生成毒素。

作为回应，昆虫演化出了针对植物防御机制的特性，如体表刺突或鳞毛的退化，抑或转移到植物保护较弱的部位，再者将毒素注入植物的特定部位。

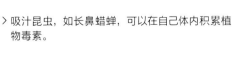

> 吸汁昆虫，如长鼻蜡蝉，可以在自己体内积累植物毒素。

微生物伙伴

以植物为食的一个缺点是，除了花粉和种子，大部分植物组织的蛋白质含量很低，因此昆虫必须吃掉大量植物，并让其快速地通过消化道。例如蚜虫这样的吸汁昆虫，它们面临着真正的挑战，因为树液中尽管含有大量糖分，但几乎不含蛋白质，更完全缺乏对蚜虫生长至关重要的氨基酸。为了解决这个问题，蚜虫必须吞咽并处理大量树液。它们的消化道能够去除多余的含糖液体，并将其以蜜露的形式排出体外。如果你观察一群蚜虫，你会看到蚜虫后端形成了小小的蜜露珠。

大量吸食树液并不能解决昆虫的所有问题，为此这些微小的吸汁昆虫求助于共生的微生物。这些微生物以树液为食，并产生蚜虫所需的氨基酸。

﹀树液中的营养物质非常少，因此像介壳虫这样的
　吸汁昆虫会向微生物求助。

潜叶昆虫

　　你可能已经注意到叶子上的曲线、涂鸦和斑点，它们是潜叶昆虫制造的标记，潜叶昆虫是从叶子内部取食的有趣昆虫。数千种蛾类、蝇类、锯蝇和甲虫都以这种方式生存。蛾类和蝇类是物种数最多的潜叶昆虫，当你发现叶上有一些独特的痕迹时，就应想到这很可能是蛾类和蝇类所为。

　　在所有这些潜叶昆虫中，挖掘工作由幼虫完成，而且在大多数情况下，幼虫已经非常适应隧道生活。它们的足和眼睛都退化了，身体往往扁平，这能适应叶片外层之间的狭窄空间。和坐在叶子表面大吃特吃相比，这看起来要费很大劲。但是，这些昆虫为什么要这么做呢？有两个主要的原因。首先，昆虫幼虫肥满多汁，是许多捕食者的美味。在叶片内部挖掘，潜叶昆虫能得到一定程度的保护，以避开天敌。其次，叶的表皮层往往富含用于驱赶叶片啃食者的化学物质，通过在叶的表皮层之间挖掘隧道，潜叶昆虫可以取食植物的汁液和防御较弱的细胞。许多潜叶昆虫幼虫的头部呈楔形，用来分离叶片的表皮层。

　　然而，即使有这些巧妙的伎俩，昆虫有时也无法攻破植物的防御。许多植物有乳胶细胞，潜叶昆虫如果破坏了乳胶细胞，就可能会在隧道中被乳胶淹没。有些专门的捕食者和寄生蜂适应了以潜叶昆虫幼虫为食，它们要么将这些幼虫从隧道中拽出来，要么更恶劣地，利用针状产卵器将卵注入不幸的潜叶昆虫体内。潜叶昆虫的这种生活方式还存在处理排泄物（粪便）的问题。食用多汁的叶片组织意味着会产生大量粪便，潜叶昆虫要么将这些粪便紧实地塞入自己身后的隧道，要么将粪便从它们啃咬出的通到外界的隧道推出。

> 在昆虫世界，特别是在微型蛾类中，潜叶是很受
　欢迎的生态位。

虫瘿

你可能在某个时候看到过植物上长出一些看起来不属于那里的奇怪结构，这些就是虫瘿。虫瘿除了是昆虫的作品，还可能是病毒、细菌、真菌、线虫和螨虫的杰作。虫瘿的复杂程度各异，有的是简单的卷曲状或袋状结构，有的则是复杂的器官。在后者中，一种植物组织被迫分化为多种组织。许多昆虫都已独立演化出形成虫瘿的能力，但大多数虫瘿是蠓或蜂制造的。这些昆虫迫使植物形成这些结构，是昆虫与植物之间关系久远的例证，也是自然界的复杂性令人着迷的例证。我们在数千年前就已经知道虫瘿，然而它们是如何形成的，仍然是个谜。

我们所知道的是，就昆虫制造虫瘿来说，昆虫的某种刺激使得植物正在茁壮生长的部分（如芽），从正常发育转为异常，最终形成一个由食物构成的舒适且受保护的小窝，供虫瘿制造者抚育幼虫。通常，一种昆虫只会选择一种植物的特定部位（往往是正在发育的叶片）进行侵袭，而它们制造的结构独特到足以让人识别出罪魁祸首。制造虫瘿的刺激物可能是雌性昆虫在产卵时注入植物的毒液或其他化合物，也可能是刚孵化的幼虫分泌的物质。我们尚不清楚具体是什么。一些实验表明，来自昆虫的刺激以某种方式激活并利用了负责花朵和果实形成的部分遗传机制。

∧ 大理石瘿蜂的幼虫在虫瘿内部。

∧ 罗宾氏针蓬虫瘿是由蔷薇瘿蜂的幼虫制造的。

制造虫瘿的昆虫

· 群居的蚜虫

· 蓟马

· 瘿蜂

· 瘿蠓

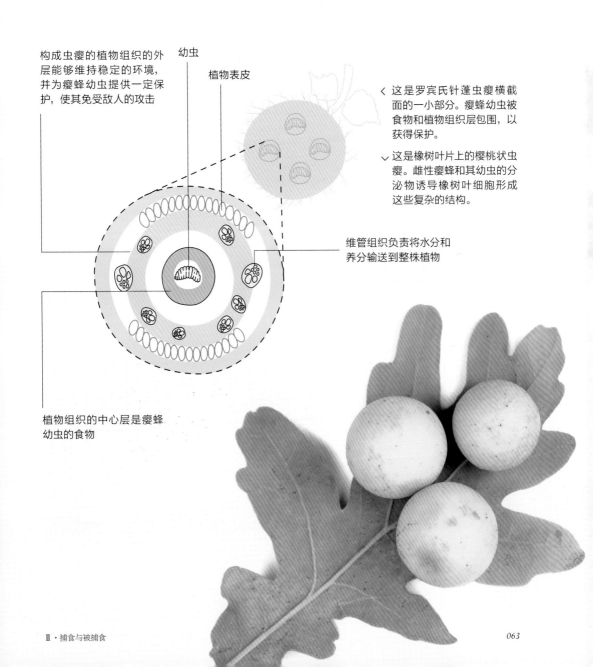

构成虫瘿的植物组织的外层能够维持稳定的环境，并为瘿蜂幼虫提供一定保护，使其免受敌人的攻击

幼虫

植物表皮

〈 这是罗宾氏针蓬虫瘿横截面的一小部分。瘿蜂幼虫被食物和植物组织层包围，以获得保护。

〉 这是橡树叶片上的樱桃状虫瘿。雌性瘿蜂和其幼虫的分泌物诱导橡树叶细胞形成这些复杂的结构。

维管组织负责将水分和养分输送到整株植物

植物组织的中心层是瘿蜂幼虫的食物

传粉与播种

    植物和昆虫之间的关系复杂而神秘。在这古老关系中，我们最熟悉的部分或许就是传粉。我们都见过蜜蜂和许多其他昆虫把头埋在花朵中，这是如此常见的场景，以至于我们中很少有人停下来想想这有多么特别。传粉是陆地上最重要的生态相互作用之一。

    昆虫在采集花蜜和花粉的过程中，已经成为促成大多数植物物种繁殖的重要角色。植物在繁殖过程中，由于不能移动，正面临着困境。如果没有传粉者，植物的有性繁殖选择就会十分有限。植物可以自授粉，但如果过度依赖自授粉，植物就有可能丧失遗传多样性，并面临近亲繁殖的危险。植物的另一种选择是，依靠风和水将花粉传播到需要的地方。这算是一项成功的策略——只要看看那些风媒传粉的草和树就知道了；然而，这种方式可能需要碰运气，也会造成许多浪费。各种动物，尤其是昆虫，为植物传粉提供了一种更为精确的服务——将花粉准确地带到需要的地方，尽管这需要为这些昆虫提供一些诱惑。

∧ 蝇可能是最重要的传粉昆虫。这只食蚜蝇的口器
  和毛茸茸的胸部沾满了花粉粒。

                       探虫记 | 昆虫行为解读

> 当花粉短缺，且巢穴附近的植物还未开花时，熊蜂会在叶片上啃出洞。这种破坏会刺激植物提前几周开花，以为昆虫提供急需的食物。

　　近 90% 的开花植物是由动物传粉的，且这些动物中的大部分是昆虫。这些植物和它们的传粉者之间的关系已经变得如此紧密，以至于双方都演化出了惊人的适应性特征，使传粉过程变得越来越高效。想想植物为其花朵投入的能量和物质，以及植物为其传粉者提供的回报吧！有些植物甚至在花蜜中增添了少量的咖啡因，以加深其传粉者的记忆。再看看传粉者的适应性特征，比如它们用于寻找花朵的敏锐感觉，以及为获取和携带花粉而专门改造的结构（蛾类、蝇类和蜂类的长管状口器，以及各种类型的花粉"篮子"等）。

　　传粉几乎与蜜蜂同义，虽然蜜蜂是非常重要的传粉昆虫，但它们并不是唯一的。就访问花朵的物种数量而言，蛾类和蝴蝶排第一位（约 14 万种），甲虫、黄蜂、蚂蚁和蜜蜂并列第二（各约 7.7 万种），蝇类位居第三（约 5.5 万种）。其他类群的昆虫也会访问花朵，但与以上类群相比，它们访问花朵的物种数量都相对较少。可能当我们更清楚地了解哪些物种在哪里，以及哪些昆虫在为哪些植物传粉时，蝇类就排第一了，因为它们的传粉物种数量最多。

　　很难弄清楚这些昆虫类群中哪一类是最高效的传粉者，但如果我们谈论的是在特定的植物群落中，哪一类昆虫访问的植物数量所占比例最高，那么第一名可能是蜜蜂，第二名是蝇类。蜜蜂是传粉专家，这并不让人感到惊讶。至少在 1.3 亿年前，一群独居猎黄蜂便开始在巢穴中储备花粉。一开始可能是极偶然的事件，但这就是蜜蜂的起源，蜜蜂本质上是多毛、素食的黄蜂。多毛是为了更好地获取花粉；说其素食是因为，已知的 1.7 万种蜜蜂几乎都只以花蜜和花粉为食。

尽管我们对传粉过程非常熟悉，也认为这一过程相当简单，但与自然界中其他互动关系一样，植物与其传粉者之间的关系是动态和复杂的。例如，花蜜的生产成本并不低，植物不可能随意大量挥霍水和糖分。水和糖分都是奖励，只有最高效的传粉者才能获取它们。花朵的花蜜腺通常位置较深，传粉者只有用足够长的"吸管"才能够得着，许多传粉者因此演化出了专业的吸管状口器。

传粉后，昆虫的任务就完成了。然而也有一些植物，如红桉，还招来了昆虫帮其传播种子。这些树的种子含有一种黏性树脂，某些无刺蜂很需要这些树脂，因为树脂可以用来建造巢穴。采集树脂的蜜蜂也会带走一些黏糊糊的种子。或许最精妙的诡计是南非植物——银木果灯草制造的。这种植物的种子看起来和闻起来都像粪球，足以欺骗粪甲虫将它们滚走并埋起来。

﹀ 丝兰蛾必须在传粉和幼虫发育之间进行权衡。雌性丝兰蛾为花朵传粉，随后会在一些正在发育的植物种子中产卵。

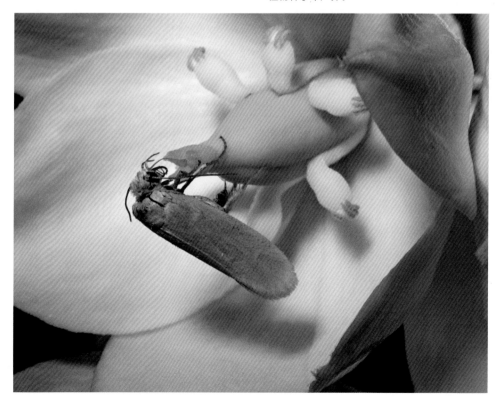

探虫记 ｜ 昆虫行为解读

∧ 在南非，一些粪甲虫被银木果灯草欺骗，为其传播种子。这些种子看起来和闻起来都像粪球，粪甲虫将它们滚走并埋起来。

∨ 这幅图展示了一只受骗的粪甲虫、一颗银木果灯草的种子和美洲羚的粪便。粪甲虫在不被植物愚弄时，会寻找美洲羚的粪便。

肉食者

　　大部分昆虫物种是植食性的，但昆虫种类繁多，各种捕食者都有足够的生存空间。还要牢记的是，谁吃谁以及它们如何捕食，仍然充满未知，所以不妨想想，还有多少有待探索的事物吧。

　　在大多数情况下，捕食性昆虫以其他昆虫或其他节肢动物为食。当然，也有一些显著的例外，稍后我们会深入探讨。捕食者的类型多样，既有等待猎物上门的伏击专家，也有在猎物栖息地附近四处搜查的非常活跃的猎人。

﹀叩甲幼虫会发出绿光来吸引猎物。在巴西的这个
　白蚁丘上，许多叩甲幼虫在挖掘自己的洞穴。

∧ 蚁狮幼虫的口器是可怕的陷阱，当猎物靠近时，它会迅速闭合。

伏击

对于昆虫来说，世界充满了危险，各种伏击型捕食者潜伏在各个角落。草蛉幼虫在地面或树上潜伏，它们张开巨大的口器，一旦猎物靠得足够近时，就迅速闭合。为了强化这一策略，它们的伪装非常到位——体色与环境色彩相融合，扁平身体的边缘长着毛茸茸的突起，这些突起模糊了身体轮廓。草蛉幼虫用毒素制服猎物，但奇怪的是，这些毒素似乎是在它们的肠道中产生的，而不是在专门的毒腺中产生。

草蛉的近亲——蚁狮（蚁蛉科幼虫）更是技高一筹。有些蚁狮不仅仅会伪装，还在沙地上挖漏斗状陷阱，潜伏在陷阱底部，以增加伏击的成功率。蚂蚁这样的小昆虫误入陷阱时，就会沿着斜坡滑下，落入蚁狮张开的口器中。此时猎物往往会试图逃跑，但蚁狮用头部甩起沙粒轰击猎物，使猎物更难攀爬松散的坑壁。最终无处可逃的倒霉的猎物就会滑向蚁狮。在一个奇妙的趋同演化的例子中，一些蝇的幼虫也演化出了类似的策略。这些幼虫像蚁狮一样蜷缩在陷阱底，也会向挣扎中的猎物抛撒沙子。

∧ 虎甲幼虫是伏击高手。它们张大口器等在洞口，
　一旦有昆虫或蜘蛛靠近，就猛然发起扑击。

　　许多甲虫在其幼虫阶段，都是伏击高手。虎甲幼虫在地面或朽木中挖掘垂直通道，并用发达的头部塞住通道入口。它们巨大的张开的口器上方有一对黑色的圆珠状的眼睛，它们瞪着眼睛静静地等待。当猎物进入攻击范围时，它们以闪电般的速度从洞穴中猛扑出来，抓住猎物，然后带着猎物迅速地退回地下。虎甲幼虫和成虫在形态和功能上的差异，完美地展示了昆虫的成幼特化性。掘土的幼虫是伏击高手，而引人注目的成虫是活跃的猎人——足长，眼大，能以惊人的速度移动和转向。

　　为了在黑暗中伏击猎物，昆虫利用了光。新西兰著名的怀托摩洞穴散布着诡异的光，这些光来自数千只菌蚊幼虫。这些光引诱其他昆虫落入由黏性丝搭建的，从洞穴顶部幼虫丝巢垂直而下的陷阱中。南美洲的白蚁丘同样散布着光，这一点则鲜为人知。这里的每一道光都是一只菌蚊幼虫发出的，用来引诱猎物。有些萤火虫不再仅仅利用光来求偶。这些"致命女郎"物种的萤火虫模仿其他雌性萤火虫的光效，诱使雄性萤火虫落入死亡陷阱，因为雄性萤火虫会飞过去察看是否是自己想要交配的雌性。

将猎物引入自己的扑击范围，这一策略也被那些无法发光的昆虫所采用。目前已知的例子并不多，但我们对昆虫产生的各种气味了解得越多，就会发现其中更多的提示。多彩隐翅虫从其尾部分泌一种难闻的液体，将液体涂抹在叶片上，以吸引爱脏的苍蝇。树脂猎蝽会设下陷阱捕捉猎物。树脂猎蝽会将前足浸入黏性树脂中，无刺蜂对这种树脂情有独钟，但要从树脂猎蝽的足上取些树脂，通常都不会有好下场。树脂增加了树脂猎蝽扑击时的抓力，无刺蜂最终会被钉在树脂猎蝽的口器上。

∨ 草蛉与蚁狮的亲缘关系接近，它们的幼虫都是伏击高手。它们通常伪装得极其成功，静静地坐在树干或落叶堆上，等待进攻的机会。

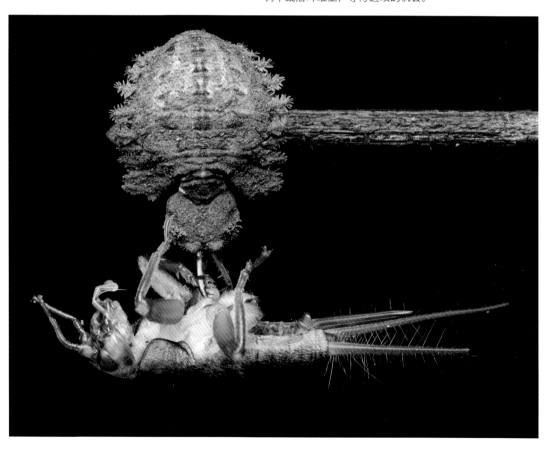

在树脂猎蝽生活的东南亚森林中，同时生活着美丽的兰花螳螂。兰花螳螂并不是徒有其名。当它坐在一簇兰花上静止不动时，你很难发现它。兰花螳螂不仅拥有对抗天敌的绝佳伪装，其美丽的外表也有阴暗的一面，因为其伪装成花朵，实际上是为了吸引传粉昆虫。这些传粉昆虫以为自己只是来花朵上采花蜜，可最终成了兰花螳螂的猎物。

昆虫中用诱饵捕食的最典型的例子，也是最吸引人的捕食例子之一，是环颈步甲的例子。

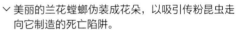
∨ 美丽的兰花螳螂伪装成花朵，以吸引传粉昆虫走向它制造的死亡陷阱。

环颈步甲

∧ 环颈步甲幼虫拥有强大的镰刀状颚，能够紧紧钳住猎物。

∨ 环颈步甲幼虫牢牢地附着在蟾蜍的喉咙上。环颈步甲幼虫很快开始啃食这只不幸的两栖动物。

环颈步甲幼虫虽然体形小，但能攻击比自己大得多的猎物。不仅如此，它们还专门挑战脊椎动物，具体地说，是青蛙和蟾蜍。这在昆虫中非常罕见。由于体形差异明显，昆虫捕食脊椎动物的例子非常少。环颈步甲是我最喜欢的例子，它证明了那些希望更多了解这些甲虫生活的生物学家们的奉献精神和观察技能。环颈步甲幼虫通过移动口器和触须来引诱合适的猎物。好奇的两栖动物会过来打探，最终会扑向它认为容易获取的猎物。起初，两栖动物会吞下环颈步甲幼虫，但是此刻两栖动物的命运已经注定，因为环颈步甲幼虫用钩状颚钳住它，并开始啃食，有时甚至是从青蛙的胃里开始。环颈步甲成虫也倾向于捕食两栖动物，它们会紧紧钳住青蛙并吃掉它。

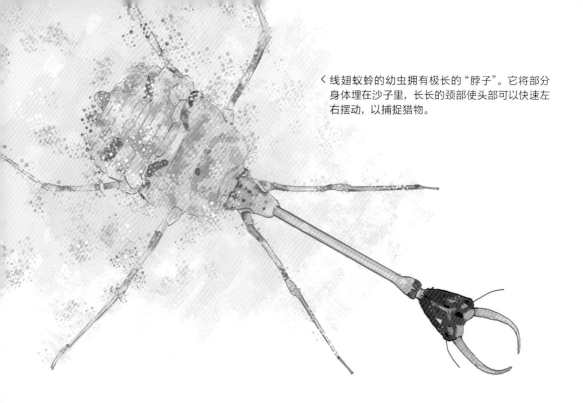

< 线翅蚁蛉的幼虫拥有极长的"脖子"。它将部分身体埋在沙子里，长长的颈部使头部可以快速左右摆动，以捕捉猎物。

伏击适应性特征

各种形式的伏击捕食往往借助于一些适应性特征，这些特征使得捕食者能够迅速捕获猎物。你可能会首先想到螳螂的捕食性前足，以及其他昆虫物种趋同演化出的捕食性前足，如与线翅蚁蛉、蚁狮亲缘关系更近的螳蛉。有些蝇也演化出了捕食性肢体——有时是第一对足，也可能是第二对足，这构成了极不寻常的死亡夹持。许多水生昆虫具有极强的捕食性前足，用来将猎物拉入其尖锐口器的攻击范围内——我本人在野外试图处理过一些大型物种，对此深有体会。

除了用于提高伏击技能的特殊肢体，许多昆虫还演化出了令人印象深刻的口器，口器能够在身体其他部分保持静止时，发动闪电袭击。蜻蜓若虫和豆娘若虫有带有铰链一般的口器，口器尖端长有抓握爪，用于悄无声息地捕捉猎物。这些若虫静静地隐藏在水生植物中，等待合适的猎物进入其秘密武器的攻击范围。

线翅蚁蛉演化出了极长的颈部，用于捕捉猎物，而其肥胖的身体则隐藏在沙漠细沙中。这种适应性特征还可以让挣扎的猎物与它们的柔嫩身体保持距离，并让幼虫找到更安全的适合伏击的地点，而不至于成为天敌的猎物。

毛虫并不真正以其食肉行为而闻名，绝大多数毛虫都乐意以植物为食。然而，自然界中总有例外。在偏远的夏威夷群岛上，一些毛虫已经变成伏击捕食者。尺蠖擅长伪装成树枝，而鲜为人知的食肉寡毛虫（尺蠖中的一类）很好地利用了这种伪装。它们在植物上静止不动，任何毫无戒心的昆虫从后面靠近食肉寡毛虫，都会撞到食肉寡毛虫后端的一对细长胸足。这会刺激食肉寡毛虫迅速行动，它向后弯曲身体，杀死猎物。这些食肉寡毛虫的足很发达，适于抓取猎物；颚适合处理坚硬的食物，因为它们已经演化出了啮食坚硬叶片的能力。

在太平洋另一端的巴拿马，我们发现了另一种食肉毛虫——可怕的食肉卷蛾，它们的巢几乎完全用受害者的残骸和丝编织而成。食肉卷蛾将巢的一端固定，另一端敞开，以便随时冲出巢去袭击经过的昆虫。

˅ 夏威夷尺蠖会长时间静止等待，然后用其强有力
的足抓住毫无防备的猎物。

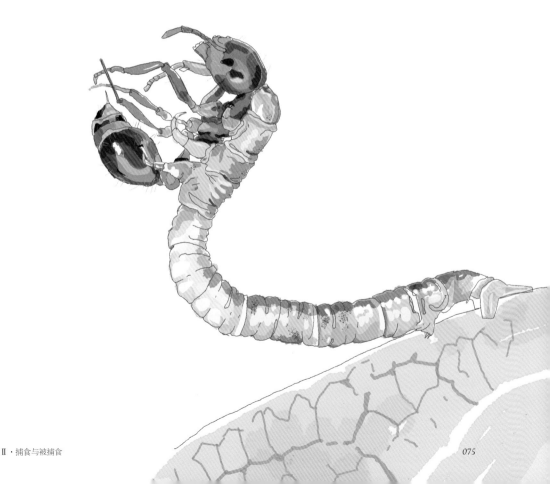

捕猎

伏击是高效且低能耗的捕食方式，但许多昆虫采用了更为积极的捕食策略。这些出色的猎手无处不在，即便在你家的后院，也会有令人眼花缭乱的各种捕食者，例如长着伸缩式口器的甲虫、带毒的蝇。

蜻蜓和豆娘是最古老的捕食性昆虫，它们是空中杀手，已经从事这种"职业"至少 2.5 亿年。蜻蜓的飞行能力极强，并且拥有昆虫中最大的复眼，每只复眼由约 2.8 万个独立单元组成。实际上，蜻蜓头部的大部分被眼睛占据，大脑约有 80% 用于处理从巨型眼睛传入的光线信息。敏锐的感官和强大的飞行能力使蜻蜓成为完美的捕食者。掠食蜻蜓在空中巡逻，扫视周围环境寻找猎物；而伏击蜻蜓则在栖息处观察，快速飞出拦截猎物。对于猎物，它们并不挑剔，小昆虫尤其是蝇，仍是它们的主要食物。在任何情况下，它们都会用带刺的足捕捉猎物，然后用强有力的颚将其制服。

˅ 在空中巡逻寻找猎物需要极佳的视力，蜻蜓的复
　眼是所有昆虫中最大的。

∧ 猎蝽用吸管状的口器刺穿猎物，并将其吸干。这一口器称为喙。

　　昆虫中值得注意的飞行猎手还有食虫虻，也称为强盗蝇。有的食虫虻体长只有几毫米，有的食虫虻是体长达到 7 厘米的巨型怪物，后者是蝇类中已知最大的。与蜻蜓一样，食虫虻是非常强大的飞行者，也拥有巨大的眼睛，能够在高速飞行时寻找猎物。有些食虫虻是草原上优雅的捕食者，它们在植物丛中轻盈地飞翔，轻松捕获毫无戒备的猎物。另一些则更为凶猛，会在飞行中捕获猎物。它们会用尖锐的口器将强效毒液注入猎物体内，迅速杀死猎物，并将猎物内脏化为可以吸食的糊状物。凭借尖利的口器和快速起效的毒液，食虫虻能够对付重装甲的猎物，比如粪甲虫。食虫虻还武装着刚毛，包括脸上浓密的毛须，刚毛保护食虫虻不被挣扎中的猎物所伤。食虫虻幼虫也是带毒的捕食者，但我们对它们了解甚少。通常，食虫虻幼虫生活在土壤或朽木中，它们的猎捕目标是各种无脊椎动物。

如前所述，虎甲成虫是可怕的捕食者。它们拥有巨大的眼睛、锋利的颚和惊人的速度，无论在地面还是在空中，它们都能够捕获各种猎物。它们的移动速度如此之快——最快的移动速度为每秒移动相当于 120 个体长的距离，以至于当它们全速移动时，它们的视觉根本无法跟上，周围环境都变成模糊一片。为了解决这个问题，虎甲不得不时时停下来，重新锁定目标，然后继续追逐。不仅如此，虎甲的触须还能够探测障碍物，为大脑提供必要的信息，让大脑做出执行规避动作或越过小障碍物的决定。虎甲分布于全球，有些种类很容易被发现，因为它们在白天活动，并且它们走走停停的捕猎方式是明显的鉴别特征。

虎甲已经相当特别，但昆虫世界中有一些更为独特的猎手，它们演化出了捕食其他动物不愿意捕食的猎物的能力。马陆是陆地动物中防御能力最强的之一。它们不仅有坚硬的外骨骼，而且许多种类还能产生大量奇特的毒素，如 1,4-苯醌、酚类化合物、氢氰酸、喹唑啉酮类化合物和生物碱。然而，所有这些仍然不够。在甲虫中，有少数几个物种是专门捕食马陆的。铁路萤幼虫是发光的、充满恶意的圆筒形昆虫，它们会寻找并吞食马陆。一些铁路萤幼虫的体长可以达到 6.5 厘

∨ 铁路萤幼虫是最了解马陆的专家，
　它们追踪并捕杀马陆，效率极高。

米，它们在地面疯狂地爬行，寻找猎物。当它们找到马陆时，它们会缠绕住它，并用它们空心的、镰刀状的颚刺穿马陆坚硬的外骨骼。到了这一步，马陆就难逃厄运了，因为铁路萤幼虫接下来会把消化液注入马陆体内，这种消化液能够阻止马陆的腺体释放化学防御物质。在这次初始攻击之后，铁路萤幼虫会退到安全的距离，把自己埋在土里，等待一段时间。铁路萤幼虫注入的液体会将马陆的内脏液化，铁路萤幼虫作为捕食者最终会回来，从马陆的头部开始一段段吸食。

∧ 黄蜂、蚂蚁和蜜蜂的刺含有用于捕猎和防御的化合物混合物。

毒液与猎物

　　大量的昆虫利用毒液制服它们的猎物。事实上，毒液是多功能工具，它在昆虫（包括真蝽、蚜虫、脉翅类、甲虫、黄蜂、蜜蜂、蚂蚁、一些毛虫和蝇）中独立演化了至少 14 次。这些类群中的大部分，毒液是由与口器相关的腺体产生的。但有值得注意的例外，黄蜂、蜜蜂和蚂蚁分泌的毒液是由性腺产生的，并通过由产卵管演化而来的螫针注入猎物体内。

　　毒液并非单一物质。在任何一种带毒动物中，它都是多种（往往是数百种）化合物的混合物，每一种化合物都有特定作用。有些化合物只是杀死猎物；有些化合物从内部分解猎物，为消化过程打下基础，甚至完成消化过程。那些具有吸吮式口器的带毒昆虫，会将猎物变成糊状。毒液中的其他化合物可以迅速麻痹猎物，因为任何有自尊的捕食者都不希望猎物挣扎很久。这些用于麻痹猎物的化合物对各种蜂都非常重要，因为它们的幼虫需要新鲜、不能自由活动的猎物。这些蜂的毒液中还含有能调节猎物代谢和免疫系统的化合物。

隐翅虫 | 极为多样的隐翅虫

· 隐翅虫是动物中最大的属之一。
· 全球有 3 000 多种隐翅虫。

    隐翅虫是富有魅力的小型昆虫。在适宜的栖息地（如苔藓或草丛）中，它们很常见，但也很容易被忽视。隐翅虫眼睛很大，是活跃的捕食者。它们捕食更小的节肢动物，如螨虫和弹尾虫。隐翅虫用于捕捉猎物的秘密武器是伸缩式口器。它们口器的一部分——下唇，可以通过快速伸出，将血淋巴注入猎物体内。从绝对距离来看，下唇伸出的距离并不算远，但它伸出的距离相当于隐翅虫体长的至少一半，而这就是隐翅虫能否捕获猎物的关键。

    隐翅虫伸缩式下唇的末端布满刚毛和孔，这些孔会分泌黏性物质，确保猎物在被拉回到隐翅虫锋利的颚之前，已经被牢牢地黏住。

﹀隐翅虫有伸缩式口器，它可以在液压作用下迅速
   伸出下唇来捕捉猎物。下唇的尖端布满刚毛和孔，
   孔能分泌黏性物质。

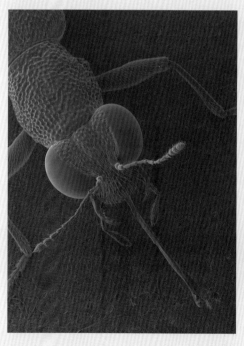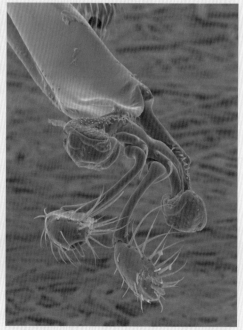

贪婪的捕食者

许多蝇类的幼虫是活跃的捕食者。它们中有许多在一生中的大部分时间里都在凶猛地捕食蚜虫，它们在叶片和茎上以惊人的速度移动，寻找这些多汁的猎物。同样，生活在沼泽、土壤和淡水中的马蝇幼虫也是活跃的捕食者。然而，总的来说，我们几乎不了解蝇类幼虫的生活习性。它们通常生活在人们极少关注的微生境中，人们很难在不破坏微生境的情况下，对它们进行研究。很可能有相当部分幼虫习性未知的蝇，在幼虫时期就是活跃的捕食者。走出去吧，通过探索这些昆虫的生活环境和生活方式，来为昆虫学作贡献吧！

∨ 生活在淡水和非常潮湿环境中的马蝇幼虫具有令
  人畏惧的钩状口器。它们是活跃的带毒捕食者，
  甚至能够捕食小型脊椎动物。

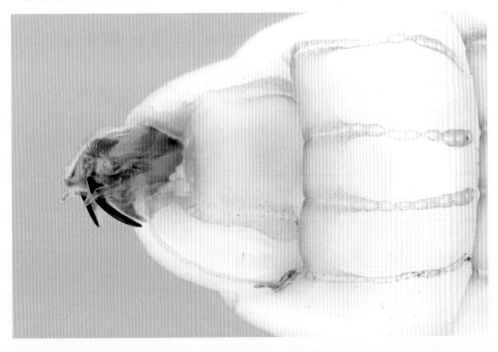

淡水中的捕食者

有些捕食性昆虫也在淡水中开辟了不寻常的生态位。海绵蛉与草蛉、蚁狮有近缘关系。海绵蛉已经演化出捕食最不寻常的猎物——淡水海绵和另一类奇特的固着水生动物，即苔藓虫的能力。海绵是古老而奇特的动物，通常有毒和拥有难以下咽的骨针。同样，苔藓虫也并非美食。然而，一方面，海绵蛉幼虫无法抗拒它们，另一方面，海绵和苔藓虫也无法逃跑。海绵蛉幼虫用其长而灵活的口器探测猎物，肆无忌惮地吸食细胞内的物质。这是相当独特的生态位，它充分展示了昆虫生存方式惊人的多样性。你可能会认为这种生存方式能让海绵蛉摆脱陆地上众多捕食者的控制，但不幸的是，当海绵蛉开启水生生活的时候，它们就被跟踪了。与其他所有昆虫一样，它们也有寄生性天敌。天敌像猎犬一样寻找它们，然后迅速将它们消灭。关于这一点的更多内容，我们稍后再述。

˅ 海绵蛉幼虫（左）专门捕食淡水海绵。海绵蛉幼
  虫用长而灵活的口器吸干海绵细胞的内容物。海
  绵蛉成虫（右）是相对短命的陆地动物。

捕食蜗牛的专家

虽然蜗牛普遍有较强的防御能力，但还是有许多昆虫成了捕食蜗牛的专家。与一些鸟类简单粗暴地啄碎蜗牛壳后食用的方式不同，昆虫捕食蜗牛的方式更为精妙，同时也令人毛骨悚然。

在夏威夷群岛，经过自然选择产生了捕食性的、会携带蜗牛壳保护自己的毛虫，它们寻找并食用小型陆地蜗牛。当毛虫捕捉到蜗牛时，毛虫会用头部丝腺分泌的丝将蜗牛固定在原地。接着，毛虫将自己壳的边缘揳入蜗牛壳中，随着蜗牛一点点退入蜗牛壳内，毛虫便继续侵入蜗牛壳。毛虫在吞食蜗牛后，甚至可以将蜗牛的空壳并进自己的壳内。

许多种类的甲虫，无论是幼虫还是成虫，都以蜗牛为食。这类甲虫的头部和身体前部通常都很细长，这使得它们能够深入蜗牛壳内，吃掉这蠕动的软体动物。捕食蜗牛的昆虫常用的另一种战术是，反刍大量胃液，然后吐到蜗牛壳内，把蜗牛变成营养丰富的糊状物。蜗牛壳就是最方便使用的容器，捕食者便贪婪地享用它们的美餐。有些体形微小的粪甲虫也依赖蜗牛生存，但它们只吃蜗牛的黏液。至于这些粪甲虫幼虫的行为习性，我们尚不得而知。

致命屁弹

在结束讲解这些捕食者之前，还有最后一个我必须告诉你的物种。洛玛蚁蛉幼虫会用有毒的屁弹打败猎物。这些爱放屁的小家伙生活在白蚁巢穴中，以白蚁为食，它们通过从肛门排放有毒气体来制服白蚁。只需放一次屁，就能同时让6只白蚁动弹不得，随后洛玛蚁蛉的幼虫便会迅速将它们吃掉。可以确信，还有更多同样奇特的昆虫学奥秘等着我们去发现。

〈 洛玛蚁蛉的幼虫能从肛门排放有毒气体，用以制
服猎物——白蚁。

∧ 大量的蝇类幼虫以腐烂的有机质为食，因此它们
是出色的回收者。

清洁大军

地球上有各种生物，所有生物都会产生大量废物。你想想，所有生物都会不断地在各处脱落碎屑、排泄、排便和死亡吧！这就意味着这些生物会产生大量废物。这些废物需要回收，而最先开展回收行动的就是昆虫。

一只大型动物死了，它刚一断气，就会有成群的昆虫蜂拥而至，争抢着分得这具尸体的一部分。森林中一棵树倒下后，一大群食木昆虫和食菌昆虫就会聚拢过来，将这棵大树归还给土壤。一头大象排出一堆粪便时，大小各异的昆虫就会赶来，急切地想埋入其中，大快朵颐。

那么，欢迎你来到食腐动物的精彩世界！它们会让你作呕、让你颤抖、让你失去食欲，但如果没有它们，你就会深陷于各种污物之中。所有偏好肮脏、腐烂之物的昆虫都不受欢迎，而且通常被人们忽视，但它们的作用至关重要。

昆虫为了利用我们认为不宜居住的环境而演化出多种特征，或许，最好的例证就是蝇了。以跳骨蝇为例——如果你能找到它的话，这类极具神话色彩的蝇有很多值得赞扬的地方。它外表酷炫，直到 2009 年在西班牙重新出现前，人们以为它在大约 160 年前就已经灭绝了。它只在大型哺乳动物的骨髓腔中发育。此外，和我们到目前为止看到的其他昆虫一样，跳骨蝇的发育是相当独特的生态位，凸显出昆虫为了清洁付出努力的巨大。

大型动物的尸体在回归土壤的过程中，有一大群昆虫陪伴，这些昆虫都是处理特定类型废物的专家。各种类群的蝇，比如丽蝇，能够在尸体腐烂初期对尸体进行处理。这些蝇类的幼虫——蛆，是剥离尸体的高手。特别是在温暖的天气里，它们能在极短的时间内消耗尸体全部的软组织。当尸体所有的软组织被消耗完之后，其他昆虫，包括各种甲虫、蛾类幼虫，就会接手任务，啃食尸体的皮肤和筋腱，直到只剩下骨头、皮肤碎片和筋腱残余。这些昆虫将牛或象这样的巨型动物啃食到只剩骨头的效率之高，令我们惊叹。当小型哺乳动物和鸟类走到生命的终点时，我们已经介绍过的具有抚育能力的葬甲，就会对它们的尸体进行全面处理，并将它们的尸体埋在其他食尸者无法触及的地方。

∨ 被认为已经灭绝约 160 年的跳骨蝇依赖大型哺乳动物的尸体生存，因为它们的幼虫需要在大型哺乳动物的骨髓腔内发育。

除了尸体，地球上还存在粪便问题。很多动物产生了大量粪便。据估算，人类和家畜 2014 年产生的粪便超过了 40 亿吨，这比人类所有个体的总质量多 10 倍以上。预计到 2030 年，这一数字将超过 50 亿吨。幸运的是，昆虫随时准备着吞食粪便。毕竟是废物，这些粪便看起来并不诱人，但它们富含营养物质，这就是为什么这么多昆虫和其他生物如此喜爱它们的原因。

粪金龟是处理这些污秽之物的高手，许多其他昆虫也对粪便情有独钟，它们徘徊在粪便可能出现的地方，以便第一个发表占领声明。最焦急的当属亚马逊地区的四斑粪金龟。它会长时间贴着猴子屁股周围的皮毛，希望率先得到热气腾腾的猴粪。当猴子终于排出粪便时，四斑粪金龟会跳上粪便，并随着粪便落到地面。

腐烂的木材是回收者的另一收获。如果你有幸见到一片几乎未受人类干扰的森林，你会发现到处都是朽木。有些树木死后继续站立，有些树木死亡后便倒下，有些树冠中的枝条在暴风雨中坠落。在任何情况下，对完整而复杂的生命网络来说，这些都是动物宝贵的栖息地。木材的种类、直径、含水量、位置和真菌多样性等，都会影响那些利用特定朽木的动物。在昆虫中，甲虫和蝇类是这一领域的专家，尽管有些黄蜂是专门啃食木材的。许多依赖朽木的昆虫，实际上是为了获取真菌。真菌是分解木材的引擎，释放被锁住的营养和能量，将它们还给土壤，以促进更多的植物生长。

﹀ 大量昆虫以大型动物的粪便为食。这些回收者在陆地生态系统和淡水生态系统中有重要作用。

探虫记 | 昆虫行为解读

∧ 木蝇是体形最大的蝇类，其幼虫在枯死和垂死的树木中发育。

在昆虫中，最重要的回收者是蝇。对于蝇来说，没有什么污物是恶心的，没有什么污物是恶臭的，也没有哪种内脏是可怕的。大量的蝇类的幼虫在腐烂的有机物中发育，成虫则以腐烂的有机物为食。还有更多的蝇是捕食者，它们被污物吸引，以聚集在那里的昆虫为食。体形最大的蝇——木蝇，在枯死和垂死的树木中完成幼虫发育，并且食用木材和以木材为食的微生物。如果一棵树为这些幼虫提供了适宜的条件，就可能会有数百只幼虫居住其中。它们集体啃食的声音，在几米开外就能听见。从受伤树木的伤口渗出的，通常是带有真菌的气味刺鼻的树脂，也有蝇专门以此为食。甚至有蝇类的幼虫专以马陆的粪便为食。这些蝇类中的雌性会粘在马陆身上，热切地等待着它的粪便。地球上最大的肥堆是海藻，它们被潮水冲到海岸上。蝇类（其中大多数只存在于海藻中）和微生物负责回收海藻，它们将海藻分解成营养物质，这些营养物质会在下一次涨潮时被海洋回收。

粪金龟 | 与粪共生

- 已经证实，一些种类的粪金龟可以利用银河导航定位。
- 粪金龟种类不同，有的会滚动粪便，有的在粪便下方挖掘育儿室，有的直接在粪便内生活。
- 有 9 500 种粪金龟。

　　我们已经看到，粪金龟为了确保后代得到充分的供给而付出大量努力，这使得它们在陆地生态系统中占据非常重要的地位。它们将粪便直接带入土壤，或者将粪便滚成球状后运走，方便掩埋。由于擅长挖掘，粪金龟在处理粪便的过程中起着关键作用。它们分解粪便，将其重新分布并埋入土壤。粪金龟幼虫从粪便中摄取了足够的营养，同时粪金龟幼虫自己的粪便和剩余的粪便会使土壤变肥沃。粪金龟的挖掘行动也改善了土壤的通气性和排水性。

　　将所有这些有机物拖入土壤并翻动土壤，可以大大促进植物生长，这样甚至

∨ 并非所有的粪金龟都将粪便滚成球状运走并且
　埋起来。许多粪金龟在粪便内繁殖，更多的粪金
　龟直接在粪便下方挖掘育儿室。

比施化学肥料更有效。粪金龟的作用不仅仅是促进土壤营养循环，它们还可以将种子散布在粪便中，并埋下种子。通过吞食粪便，粪金龟还消灭了粪便中的许多寄生虫，使寄生虫不被其他想得到它的动物利用，例如蝇。此举有助于控制寄生虫和蝇的数量。

20 世纪上半叶，澳大利亚深刻体会到了粪金龟及其活动的重要性。澳大利亚本土的粪金龟已经演化出能够处理有袋类动物的粪便的能力，而引进的牛所产的大量粪便不合它们的胃口。牛粪堆积在地面，传播疾病的蝇数量激增，达到了制造瘟疫的程度，因此澳大利亚内陆地区才有了著名的软木帽。幸运的是，其他种类的粪金龟前来救援了。1967—1982 年，澳大利亚引进并放归了 55 种粪金龟（其中许多引自南非），获得了显著成效。如今，软木帽就仅仅是为游客准备的了。

一些粪金龟已经放弃了粪便资源。其中一些粪金龟是散发腐烂气味的植物的重要传粉者；一些粪金龟在调控切叶蚁种群的数量，因为这些粪金龟以试图建立巢穴的新蚁后为食。

∨ 绿蜣螂不以粪便为食，而是寻找切叶蚁新蚁后，将它的头砍下来，并把尸体储藏在地下，作为自己后代的食物。

Ⅲ

防御

说昆虫拥有大量天敌，一点也不夸张。鸟类用喙一口一口啄食它们，哺乳动物和两栖动物津津有味地吃掉它们，蜘蛛和其他蛛形纲动物几乎一刻不停地捕食它们；这还不包括大量以其他昆虫为食的昆虫。为了应对这些猛烈的攻击，昆虫演化出了各种令人惊叹的防御装备，如甲壳、金属色的颚、刺和螯针；也演化出了拟态、爆炸等防御方法。

˅蛹是昆虫生命中极为脆弱的阶段。一些毛虫制造精巧的茧，对抗捕食者和寄生虫。

　　　　　　　　　　　　　　　　　　　　　　　探虫记 | 昆虫行为解读

隐藏与伪装

昆虫的第一道防线就是避免被发现，它们在这方面做得非常好。许多昆虫会装死，或者生活在很难触及的地方，比如土壤深处或是病树的中心部位。的确，专业的捕食者已经演化出了捕猎最善于隐藏的昆虫的能力，但昆虫的藏身之处仍然能为昆虫提供一定程度的保护，使其免受一般捕食者的侵害。

∧ 蛾的绒毛和鳞片可以削弱蝙蝠回声定位的有效性，使得这些捕食者很难准确定位它们的猎物。

沫蝉有一种狡猾的藏身方式。沫蝉若虫大量吸食植物汁液，它们体形小、身体软，经常待在一处不动，因此很容易被捕食。为了保持隐蔽，它们会在粪便中注入空气，制造一层厚厚的黏性气泡，看起来像唾液，沫蝉也因此得名。这层密集的泡沫既能遮挡沫蝉，也能掩盖沫蝉的气味，从而为它们提供一定程度的保护，使它们免受部分天敌的侵害。

隐藏不仅仅是不被看见，还意味着许多技巧。蛾和蝙蝠至少在过去的 5 000 万年间一直争斗，这场争斗促进产生了各种令人惊叹的适应性特征。由于蝙蝠是用声音"看"，那么甩开它就需要使用全新的方式。有些蛾类紧贴植被飞行，使蝙蝠无法利用背景回声找到它们。蛾类身上的绒毛与鳞片也可能保护它们免受蝙蝠的攻击，因为最近发现，某些蛾类体表的绒毛与鳞片能吸收由蝙蝠发出的多达 85% 的声音能量。这种"隐形涂层"可以将蝙蝠能够探测到蛾的距离缩短约四分之一，对于毛茸茸的蛾来说，这关乎生死。

某些蛾类后翅上的长尾巴不仅仅是华丽的装饰，它还被证实能够欺骗蝙蝠，让蝙蝠攻击错误的位置。事实上，蝙蝠攻击美丽的长尾月蛾，大多数时候只能咬到尾巴。也许最惊人的抗蝙蝠能力是蝙蛾对蝙蝠声呐系统的干扰能力。当蝙蛾听到蝙蝠发出的锁定目标的咔嗒声时，它会发射超声波来干扰蝙蝠的声呐系统，使蝙蝠陷入混乱。还有一些蛾类，在听到蝙蝠靠近的声音时，会紧急采取躲避行动，即从空中翻滚坠落。

> 蟋蟀蝇的听觉可能是所有动物中最敏锐的，这能让它将寄主精确定位。

< 蝙蝠会被长尾月蛾反射的回声所欺骗，结果只能咬到长尾月蛾的尾巴，而非其肥硕的腹部。

寂静之声

在声音的世界里，寂静就相当于隐身，雄性蜡蛾就极好地利用了这一点。为了吸引配偶，雄性蜡蛾会大声唱出一首超声波求偶歌曲，但蝙蝠会偷听。如果蝙蝠锁定了声源，就会很快出击将蜡蛾捕杀。为了隐藏，蜡蛾在听到蝙蝠接近的声音时，就变得死一般安静。我们认为，蟋蟀和蝈蝈、金蛣蛉也会做类似的事情，以避免被蝙蝠捕食。

蟋蟀寄生蝇有着极其敏锐的听觉，它们通过倾听歌声定位猎物，猎物就是雄性蟋蟀。然而，一些雄性蟋蟀演化出静默的能力，不再在蟋蟀寄生蝇面前鸣叫。这是发生在我们眼前的演化——只用了 20 代蟋蟀，雄性蟋蟀便完成了从鸣叫到沉默的演化。

∨ 金蛣蛉也是蝙蝠的食物。只要一听到蝙蝠靠近时发出的咔嗒声，金蛣蛉就会立即停止鸣叫。

伪装的高手

更高一级的隐藏方式是伪装。在伪装方面，昆虫才是真正的专家。你想想生活在非洲南部遍布石英卵石的干燥地带的菱蝗吧！菱蝗的外形与卵石相似，即使有人给你指出它们在那里，你也很难发现它们。同样，伪装成苔藓的竹节虫和地衣螽斯，在合适的背景下可以显得近乎消失。竹节虫甚至还在身体上装饰了假的苔藓丛。

螽斯、蚱蜢、蛾类、蝴蝶和树蟀也都擅长把自己伪装成植物。螽斯能轻松地伪装成叶子和树皮。伪装成叶子的螽斯会在它们的伪装上添加假的真菌斑点和假的被啃食的痕迹。螽斯、许多蛾类和蝴蝶也伪装成枯叶，混在森林地面的落叶中，或附着在植物上。一些昆虫利用棕色和对比鲜明的深哑光黑色，制造出枯叶卷曲的假象。

如果不用光源吸引，我们很难得看到蛾类成虫，即使看到，也常常是在非自然的背景中。很多时候，我们并不清楚这些昆虫躲藏的具体位置。我在缅甸北部发现的一种蛾，自 1894 年被人类描述以来，它们就只被人类看到过几次。在昆虫陷阱的白色幕布对比下，它的翠绿色格外引人注目，但在它白天常常休息的地方，它可能会融入背景中——无论背景是什么，也许是森林中一片叶子的背面。这种蛾非常特别，但在昆虫中，我最欣赏的伪装成植物的高手就是马达加斯加象鼻虫，它在背上"种植"了一片苔藓，能让自己完美地融入苔藓覆盖的树木中。

〈 菱蝗生活在干燥的岩石中，它们完全与背景环境
融为一体。

探虫记 | 昆虫行为解读

∧ 上图：象鼻虫在背上"种植"一片苔藓，以此作为伪装。
  下图：地衣毛虫完美地融入了覆盖地衣的树干中。

色彩伪装

在我们眼中，昆虫外表的金属色可能像信号灯一样醒目，但是它们需要躲避的并不是我们。这种反射性强、色彩鲜艳的外表可能让鸟类等捕食者难以发现它们，帮助它们隐藏在植物中。不过，这些鲜艳色彩与时尚外表的确切功能（如果功能确实存在的话），我们尚未知晓。

在甲虫和蝇中，金属绿色很常见，当这些昆虫停留在植物上时，它们会被误认为是水滴。或许最难解释的，就是吉丁虫彩虹般的色彩。在某些情况下，有些甲虫会释放有毒的化学物质，捕食者会远远避开；但在其他情况下，这些绚丽的色彩和图案可能会掩饰甲虫身体的轮廓，当甲虫停在阳光斑驳的树干或树枝上时，为甲虫提供一定程度的保护。

化学伪装

伪装，如同隐藏，并不仅涉及视觉。我们往往会忘记这一点，因为视觉是我们的主要感官。不过，在昆虫世界中，其他感官同样重要，甚至更为重要。这是科学家们刚刚涉足的研究领域，昆虫世界中存在的大部分化学伪装现象，仍然有待探索。通过研究蜂狼的生活习性，我们得以一窥这一领域的奥秘。蜂狼的巢穴储备充足，是其他不想建造巢穴与储备食物的昆虫

〈 草蜡蝉凭借高超的伪装技巧生活在芦苇中。

∧ 明亮的金属色外表在昆虫中是非常常见的。尽管
对我们来说，这种颜色很刺目，但对鸟类来说，
这能起到迷惑作用。

∧ 甲蝇能够伪装成具有化学防御特征的叶甲虫，甚
至长出了假的鞘翅。

的目标。劫掠蜂狼的巢穴是一项十分冒险的策略，因为蜂狼不好惹，任何被发现
的劫掠者，都可能不会有好下场。杜鹃蜂的策略就十分巧妙。它等到蜂狼离开巢
穴去捕捉猎物后，再悄悄溜进蜂狼的巢穴。蜂狼可能会在杜鹃蜂干坏事时返回，
但在一片黑暗的巢穴中，蜂狼根本看不见杜鹃蜂。杜鹃蜂的秘密武器是化学伪装。
杜鹃蜂的气味就像蜂狼，所以只要不靠近巢穴的主人，它就可以毫无顾忌地在其
中逗留。游蜂也利用化学伪装进入其他蜜蜂的巢穴。不过，在这种情况下，化学
伪装是由雄性提供给雌性的，交配时雄性会将化学物质喷洒在雌性身上。

声音伪装

除了气味，声音也能以保护为目的而受到模仿。除了鲜艳大胆的色彩，蛾类
可以用声音警告饥饿的捕食者自己有毒，通常是发出超声波咔嗒声。这些表示警
告的咔嗒声是为蝙蝠准备的，有些完美无毒的蛾类也会发出这种声音，将自己伪
装成含有毒素的蛾。在昆虫中，声音伪装
可能很常见，尤其是在声音特别重要的地
方和时间，例如在茂密的森林中，以及当
昆虫夜行时。

〉杜鹃蜂模仿它的寄主——欧洲蜂狼的气味。

粪便伪装

昆虫也利用粪便来巧妙地躲避捕食者。有些昆虫用自己的粪便涂抹全身，有些涂抹其他昆虫的粪便，还有些昆虫更直接，看起来就跟粪便很像。无论如何，伪装成粪便或者用真的粪便涂抹自己，都是极好的防御方法，因为这样可以吓跑捕食者，并掩盖可能暴露自己的气味。许多毛虫都采用这种伪装方式，有时候就伪装成一小块令人恶心的鸟粪。这并非巧合，因为这些毛虫的主要天敌就是鸟类，鸟类的一个特点就是看到鸟粪掉头就飞走。许多蛾类成虫也会伪装成鸟粪，其中至少有一种蛾还添加了新花样——假装成一对在吃粪便的苍蝇，至少在我们人类的眼里是这样的。

而反过来，大块的毛虫粪便也成了一些小型叶甲和角蝉进行伪装的灵感来源。这些昆虫外表的纹理，加上能够将足和触角都折起并藏起来的能力，使它们看起来就像真的粪便一样。只要它们保持静止，你就很难将它们和真的粪便区分开。

这些粪便伪装者巧妙的伪装令人印象深刻，但是既然可以把粪便直接涂抹在身上，为什么还要伪装成粪便呢? 伪装成粪便是许多昆虫采用的策略。例如龟甲虫的幼虫，它们会挥舞着用从尾部排出的粪便制成的盾牌，抵挡寄生蜂等天敌的进攻。与那些仅仅将自己涂满粪便的昆虫幼虫(例如百合甲虫幼虫和象鼻虫) 相比，这种策略就高明多了。在将粪便制成盾牌的情况中，类似魔术贴的毛发将粪便牢牢黏附，甚至还拥有特殊的适应性特征，能够防止幼虫的呼吸孔被粪便堵塞。

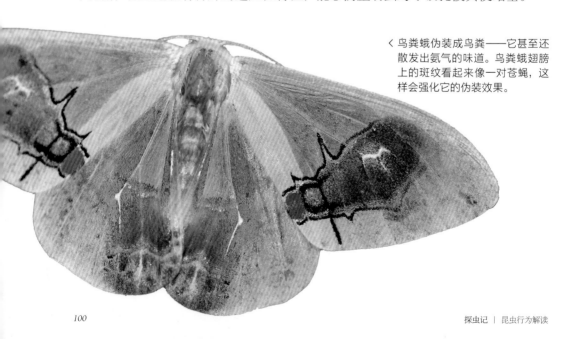

〈 鸟粪蛾伪装成鸟粪——它甚至还散发出氨气的味道。鸟粪蛾翅膀上的斑纹看起来像一对苍蝇，这样会强化它的伪装效果。

探虫记 | 昆虫行为解读

昆虫利用各种废弃物抵御天敌。草蛉幼虫和猎蝽若虫会用天敌的遗骸制作一套令人毛骨悚然的"外衣"，它们经常用其他碎片装饰这些遗骸。骨房蜂是直到 2014 年才在中国浙江省首次被发现的物种，它在空心茎和类似的空腔中筑巢，并在其中储存蜘蛛作为后代的食物。这些食物和正在发育的蜂蛹会吸引捕食者，所以为了给幼虫争取生存机会，母代骨房蜂会在巢穴顶部摆放一些有毒的死蚂蚁。这些蚂蚁身上残留的有毒化学物质，足以吓退一些捕食者。

∧ 许多昆虫，尤其是蛾和蝴蝶幼虫，是伪装成鸟粪的高手。

∨ 龟甲虫幼虫（右）用由粪便和蜕下的外骨骼制成的盾牌保护自己。成虫（左）在叶子上伪装得很好，还会牢牢抓住叶子，把足和触角收起并藏在凸起的前胸和鞘翅之下。

∧ 眼状斑在昆虫中，尤其在蝴蝶和蛾类中十分常见。人们认为，昆虫利用这些图案，能给天敌留下自己是体形更大的动物的假象，以此来吓退天敌。

∨ 这种草蛉收折的翅膀上的图案，看起来很像蜘蛛。

伪装成其他动物

除了利用废弃物，以及伪装成无生命的物体，许多昆虫还会伪装成其他动物，以达到保护自己的目的。有些大型毛虫可以逼真地伪装成蛇，许多毛虫伪装成蚂蚁，还有的则试图伪装成蜘蛛。有一种特殊的草蛉，其翅膀上有鬼魅般的蜘蛛图像，还有眼睛的图案——至少在我们人类看来是这样的。真蝽的若虫和蟋蟀伪装成蚂蚁，因为蚂蚁本身的防御能力就很强，而且数量很多，所以许多捕食者都会尽量避开蚂蚁。

甚至有伪装成蜘蛛的蝇，伪装成叶甲的蝇，伪装成蝇的象鼻虫，伪装成象鼻虫的飞虱，伪装成瓢虫的蟑螂，还有许多不同目的昆虫伪装成黄蜂。伪装成黄蜂的原因很明确，黄蜂有极为厉害的螫针，所以很多捕食者会避开它们。另一个经常使用的策略是伪装出假头。昆虫将后端伪装成头部，希望这样可以将捕食者的注意力引向可以牺牲的身体部位。

探虫记 | 昆虫行为解读

贝氏拟态与米勒拟态

　　一种可食的无毒动物伪装成一种不可食的有毒动物，就称为贝氏拟态。大家比较熟悉的例子，就是食蚜蝇假扮黄蜂。

　　米勒拟态则是两个有毒的物种彼此模拟，双方都能得到好处。随着时间推移，其他物种也可能加入，形成拟态环。拟态很少有能一眼看穿的，因为动物的"欺骗"伎俩可能会慢慢翻新。需要提醒的是，我们看到的拟态可能与动物眼中的不一样。

〉黄蜂会蜇人，所以很多昆虫都会伪装成它们。这种食蚜蝇就伪装成泥瓦蜂。

〵这种透翅蛾是黄蜂最令人信服的伪装者，它甚至模仿黄蜂的飞行方式。

观者之眼

我们所认为的拟态，有时并非如此。我们以某种方式看到某物，并不意味着其他动物的眼睛也以同样的方式看到它。例如，美国西南部干旱地区的蜂蚁，长时间被我们误认为是在伪装金雀枝叶灌木毛茸茸的种子。但事实证明，蜂蚁有这样的外表，更可能是为了保持凉爽，而不是为了欺骗捕食者。蜂蚁的长长的白色鳞毛能够反射热量，让它们在灼热的沙地上四处疾行，寻找它们的寄主——沙蜂的洞穴。蜂蚁与金雀枝叶灌木种子的相似性可能是趋同演化的结果，因为绒毛覆盖种子，也可能是为了保持种子的凉爽。

∧ 蜂蚁曾被误认是在伪装金雀枝叶灌木毛茸茸的种子，但它们有这样的外表，更可能是为了保持凉爽。

∨ 许多树蟋若虫被认为在伪装蚂蚁。

空中脱险

昆虫在藏身处被发现时，甚至在被发现之前，另一种防御方式就是迅速逃离。飞行显然是昆虫避开危险的一种方式，但许多昆虫也具有惊人的弹跳能力。

你尝试去抓跳蚤、跳叶甲或叶蝉时，就会发现它们像发射的火箭一样迅速弹射出去，这得益于其足部肌肉的发达，以及一种名为节肢弹性蛋白的特殊蛋白质的推动，这种蛋白质具有极强的弹性。这些惊人的弹跳动作有时看起来有点不受控制，所以一些叶蝉演化出了齿轮结构。这样的结构让它们的足能够完全并拢，实现更为精准的弹跳。

我个人最欣赏的是短隐翅虫的逃生策略。短隐翅虫真是将一套得天独厚的古怪的适应性特征利用得十分充分。如果说伸缩式口器还不够奇特，那么它们还拥有动物界最为惊人的防御手段之一——快速划行。通常短隐翅虫生活在水边，它们在地面和植被中游荡，用口器向螨虫和跳虫发动攻击。它们体形小巧，足又长，这意味着它们可以在水面划行，就像在陆地上爬行一样——水的表面张力支撑着它们的体重。

如果短隐翅虫在水面受到捕食者的威胁，它就会从腹部末端的腺体释放化学物质臭甲酚。这种物质具有很强的疏水性，当它接触到水面时，就会破坏水面张力，推动短隐翅虫以惊人的速度前进，当然，这是相对而言。短隐翅虫能在几分之一秒内完成这个过程，达到相当于 600 千米 ~900 千米的时速。人以这样的加速度前进，内脏会翻转。不用说，猎物的突然消失，绝对会让捕食者极度困惑。

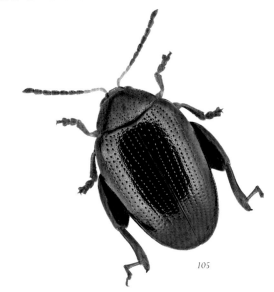

> 跳叶甲的后足相对庞大且肌肉发达，跳叶甲是出色的弹跳者。

˅ 短隐翅虫从肛门腺释放臭甲酚，然后以极快的速
   度在水面划行。这种化学物质会破坏水面张力，
   推动它们前进。

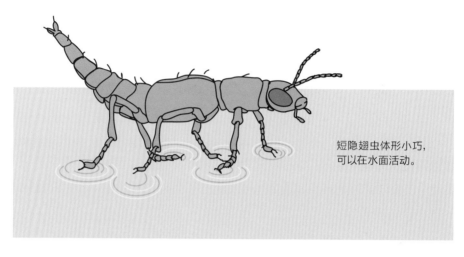

短隐翅虫体形小巧，
可以在水面活动。

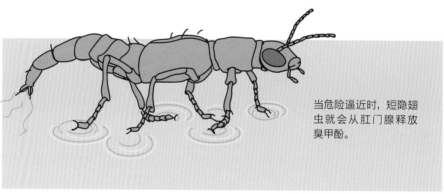

当危险逼近时，短隐翅
虫就会从肛门腺释放
臭甲酚。

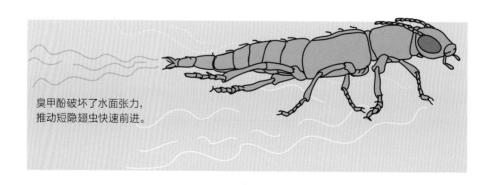

臭甲酚破坏了水面张力，
推动短隐翅虫快速前进。

昆虫的盔甲

外骨骼真是演化的奇迹。它为昆虫提供物理保护，并防止昆虫体内的水分流失。只需稍加调整其化学成分，外骨骼可以变得柔软，也可以变得极为坚硬。

铁甲虫的外骨骼非常坚硬，甚至可以承受一个成人的体重。昆虫学家所使用的昆虫针与之对抗，针尖也会被弯曲。象鼻虫同样具有非常坚硬的外骨骼，这可能就是它们成功繁衍的原因之一，要知道，象鼻虫的数量巨大。除了坚硬的外骨骼，漫长的演化还塑造了各种尖刺，尖刺是抵御脊椎动物捕食者的主要武器。一些甲虫特别像中世纪的武士，浑身布满了看起来非常厉害的尖刺，这些尖刺可以

﹀象鼻虫是防护装备最为厚重的昆虫之一。它还会
　装死，将口器、触角和足蜷缩进浅凹处。

∧ 一些蠓幼虫可以制造蜡质"气球"。当蠓幼虫移
   动时，这些"气球"会晃动，并很容易脱落。这
   表明蠓幼虫很可能在对捕食者进行干扰，但人们
   尚未确切知道这到底是怎么回事。

扎进饥饿鸟类或哺乳动物的喉咙里。许多毛虫也用刺来保护自己，它们的刺带有
毒液，因此当它们的尖刺刺入捕食者的皮肤时，轻则可能引起各种轻微不适，严
重的也可能引起危及生命的过敏反应。

　　除了尖刺，昆虫还有颚和利爪。在某些情况下，这些部位会渗入金属离子，
使它们能够更长时间保持锋利。一些甲虫、蟋蟀及其近缘物种、蜂、蚂蚁和白蚁，
都拥有特别厉害的颚，完全有能力对潜在的捕食者造成严重伤害。一些天牛的颚
类似断线钳，我已经好几次领教它们的威力。它们可以直接划破人类的皮肤。拥
有这么厉害的颚的昆虫，如果感到受威胁，通常会张开颚表示警告——这等同于
邀请绝望的捕食者来碰碰运气。

　　肥满多汁的昆虫幼虫特别容易受到捕食者的攻击，所以我们发现它们具备制
造各种精巧外壳的能力，从石蛾幼虫的奇特创作，到各类甲虫幼虫用粪便制作的
桶状外壳，不一而足。石蛾的壳是很值得一看的。不同种类的石蛾会使用不同的
材料制作壳，从植物碎片到小蜗牛的空壳，再到沙粒，应有尽有。这些制作材料
都用丝黏合在一起，并以难以置信的精确度组装。

∧ 蠓幼虫的绒毛可能具有防御性。

∨ 这只袋蛾刚刚从它作为毛虫时带着的保护壳中钻出来。

　　许多昆虫用丝来保护自己。蛾类在脆弱的化蛹过程中，用丝将自己包裹起来，有时还会用木头和植物纤维加固，制成极为坚固的茧。足丝蚁是一种体形细长，很容易被忽视的昆虫，它们位于前足的腺体能产生大量的丝，丝用来制造供它们居住的迷宫般的丝质隧道。丝是这些昆虫对抗捕食者的主要武器，丝还为这些神秘的昆虫维持着理想的微气候环境。

蛾类和蝴蝶是相当脆弱的动物，但它们身上和翅膀上的鳞毛能够巧妙地对付各种敌人。如果蛾类或蝴蝶落入蜘蛛网，它们的鳞毛会粘住蜘蛛网，但蛾类或蝴蝶可以轻易地留下鳞毛，继续前行。除了损失少许鳞毛，其他部位都能保持完好。更为精妙的是来自南美洲的虎蛾，当受到威胁时，它会抖落大量绒毛，这些绒毛可以威慑或迷惑蝙蝠和其他捕食者。

有了坚硬外骨骼的保护，昆虫即使被捕食者吞下，也并非绝无生机。顽强的龙虱在被饥饿的青蛙吞下后，直接穿过青蛙的肠道，冲向泄殖腔孔，最后随青蛙的粪便排出。龙虱甚至可能会刺激两栖动物青蛙的括约肌，让自己能够更快逃逸。

﹀许多真蝽分泌蜡状丝。这被认为是干扰或防御捕
　食者和寄生虫的手段。

化学武器

昆虫在利用化学物质进行自我防御方面做得非常成功。为了保护自己，昆虫产生了极为复杂的化学物质。在某些情况下，这些化学物质是昆虫自身产生的，有些是从植物中获取的，更多的则是生活在昆虫体内的共生微生物的杰作。

昆虫产生的化学物质，有的可能从肢体或口器渗出，有的会从特殊的喷嘴喷射出来，还有的会飘散在捕食者颤动的口鼻下方。这些化学物质种类繁多，有的气味刺鼻，有的有剧毒。

植物和真菌产生的化学防御物质，比昆虫的还要多样，昆虫就充分利用了这一点。这些化学防御物质主要是用来驱赶以植物和真菌为食的昆虫的，但经过数千万年的演化，昆虫不仅可以食用这些含有毒素的植物和真菌而不受影响，而且可以利用这些化学物质保护自己。有时，昆虫还会改造这些毒素，使其更具威力。

∨ 具备化学防御能力的昆虫利用鲜艳的色彩和醒目的图案向潜在的捕食者发出警告。这称为警戒色。这也是贝氏拟态的基础，即无毒物种演化出与有毒物种相似的外表。图中为螽斯的若虫。

^ 亚马逊地区的蜂蛾有鲜艳醒目的警戒色，这是为
  了向潜在的捕食者宣扬自己的毒性。

　　会偷盗化学防御物质的昆虫很多，名字足以填满一整本书，我们身边就有很多非常熟悉的例子。就拿以乳草叶片为食的各种昆虫来说吧，乳草含有强效毒素，但这些毒素对专门以乳草为食的昆虫来说，毫无威慑力，它们大口地吃掉这些叶子，并且将毒素储存在自己体内。只有幼稚无知、失去理智或极度饥饿的捕食者，才会尝试吃这些充满毒素的草食昆虫。

　　这些受到良好保护的昆虫需要宣扬自己的防御能力，否则就会有被仓促的捕食者捉住吃掉，再被立刻吐出来的风险。颜色、声音和气味都被它们用来宣告体内有毒。你想想瓢虫的红黑配色，或者社会性蜂的黄黑配色就明白了！这种警戒色是明确的警告，目的是击退敌人。鲜艳的颜色通常与夸张的眼斑搭配，作为警示的一部分，用来吓唬捕食者，并分散捕食者的注意力。为了达到更好的效果，那些善于伪装的昆虫一旦被发现，就会立刻亮出原本隐藏的鲜艳色彩，以示威吓。

令人作呕的气味

　　某些昆虫的化学防御手段就是产生驱避性物质，包括熏得人眼泪直流的恶臭。蝽能散发一种特殊的、非常浓烈的气味，当你触碰它们后，这种气味会在你的皮肤上保留很长时间。巨型蝽的分泌物威力强大，足以造成灼痛。我就曾因把它放得太靠近我的鼻子，而有过这种经历。只要闻一闻葬甲的尾部或螺蜾的头部，你就立刻会后悔，因为一股令人作呕的恶臭会扑鼻而来，而且这种恶臭久久不散。食物一旦散发出类似死亡和腐烂的气味，肯定会让一些捕食者对它们失去兴趣。

来自共生微生物的化学防御物质

许多昆虫并不自己产生化学防御物质，而是与微生物达成协议——由微生物分泌毒素，昆虫为微生物提供食物和庇护所。梭毒隐翅虫是较为显眼的隐翅虫物种，经常在水边被发现。它们体色鲜艳，表明它们体内充满了有毒的隐翅虫素。如果你的皮肤接触到这种毒素，就会出现疮和红肿，并伴有疼痛。这种毒素是由生活在梭毒隐翅虫体内的假单胞菌产生的。共生微生物可能是许多昆虫（尤其是不以植物或真菌为食的昆虫）制造化学防御武器的幕后功臣。

防御性毒液

毒液也被广泛用于防御。猎蝽虽然体形很小，但咬人时会释放极为厉害的毒素，足以让你在处理它们之前掂量再三。黄蜂和蜜蜂的螯针都带有强力的毒液，它们的毒刺会刺痛敌人，并引发免疫反应，这给人留下了深刻印象。在社会性的黄蜂、蜜蜂和蚂蚁中，成百上千的工蜂都拥有厉害的螯针，这种威胁足以吓退大型动物。就连天牛也加入了使用毒液的队伍，它们的触角尖端都改装成了装满毒液的螯针，这根螯针可以刺入捕食者体内。

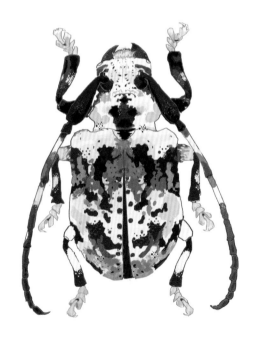

∧ 为了自卫，天牛用其触角的尖端进行蜇刺。

屁步甲

屁步甲大约有 500 种，可以说它们拥有昆虫中最令人印象深刻的化学防御能力。屁步甲已经演化出腹部的腺体可以分泌化合物的能力，这些化合物在单独存在时很稳定，但混合在一起时会发生爆炸。屁步甲的尾部有一个反应室，这些化学物质在此混合，随后，它脉冲式释放滚烫的热气。

我曾经触摸过体形较大的热带屁步甲，炙热的腐蚀性气体会让你感觉像摸到了烫手山芋，你会迅速把它们丢开，并且你的手指还会被染成紫褐色。热带屁步甲使用"爆炸性武器"时能够准确控制方向。想象一下，当这种滚烫、有毒的混合物喷射到小型哺乳动物或鸟类的头上时，一定会令它们极其痛苦。难怪屁步甲几乎没有天敌。然而，大自然总是有办法的。蟾蜍似乎足够愚蠢，会将屁步甲狼吞虎咽，但有时，当屁步甲在它们体内爆炸后，它们还会把屁步甲吐出来。一些蜘蛛可以迅速用丝缠住屁步甲，以吸收热辣刺鼻的气体，如此制服屁步甲。

∨ 屁步甲可能拥有所有昆虫中最复杂且最有效的
 防御机制——由各单独腺体分泌的化学物在反
 应室中混合，制造爆炸效果。

反适应性

昆虫所展示的令人眼花缭乱的防御手段，是自然界中存在无休止斗争的最具有说服力的例证。任何昆虫为对抗捕食者而演化出的适应性特征，都会迅速遭遇反适应，这让捕食者暂时占上风，直到受压制的昆虫演化出更好的策略。在秘鲁雨林中的一次夜间遭遇让我想到了这一点，当时我发现一只大型天牛只剩下身体和头部，还在小路上无助地爬行。上方树上不知名的捕食者，竟然设法将这只天牛全副武装的前端从多汁且相对柔软的腹部扯下，并将前端抛弃，就这样完全绕过了这只不幸天牛的防御。对某些人来说，捕食者和猎物之间不间断的斗争很残酷，但这些斗争提醒我们，大自然是充满活力且永远在变化的。

∧ 当受到威胁时，这种体形大且醒目的蝇（广口蝇科）从口器喷射出鲜黄色的有毒液体。

∨ 任何试图吞食芫菁的捕食者都会得到一口从芫菁肢节之间流出的含有毒素的血淋巴。这种现象被称为反射性出血，所说的毒素是斑蝥素。

IV

社会性

许多动物群居生活，如鸟类的巢群、鱼群和海底密集的海葵群。要找到动物中群居生活的典型，我们必须观察昆虫，因为我们可以从昆虫中观察到真社会性。这是一种高级的群居生活形式，其中一个或少数几个雌性个体繁殖后代，而非繁殖个体，有时数量众多，负责所有维持群体的事，如照顾后代、做家务、提供食物。

˅ 社会性黄蜂在巢穴中。

罕见的生活方式

虽然真社会性昆虫无处不在——只要想想生活中你见过蚂蚁的次数就知道了——但在昆虫生命树中，这种生活方式实际上相当罕见。它主要限于白蚁、黄蜂、蚂蚁和蜜蜂，尽管一些甲虫、蚜虫和蓟马也采用了这种生活方式。

真社会性昆虫，例如蚂蚁、蜜蜂和白蚁，是典型的且为我们熟知的动物。蚂蚁无疑是地球上最容易识别的动物之一。其中一些昆虫，如蜜蜂，也是所有动物中被我们研究得最多的。

然而，由于如此熟悉，很少人会思考这些真社会性昆虫的奇特之处。我们对它们的了解还仅仅是浅尝辄止。对我们来说，对某些物种进行研究相对容易。你只要想想商业蜂箱，就会知道我们想要看到群体内部发生了什么，是多么容易的一件事。但是，大多数其他真社会性昆虫的巢穴就像黑匣子，想要在不打扰它们的前提下了解里面发生了什么是不可能的。

∨ 真社会性昆虫巢穴中的个体，几乎始终都在与其他个体保持沟通。

∧ 在社会性昆虫中，组织方式包含了从原始到先进
的全部种类。狭腹胡蜂属于前者，其巢穴通常居
住不到十个成虫。

　　这些真社会性动物最奇特的现象之一是，群体中几乎所有个体都放弃了繁殖，
而将精力全部投入建造和维护巢穴，以及支持一个或少数几个能够繁殖的蚁后。
从自然选择的角度看，单个蚂蚁、社会性黄蜂或白蚁的生活似乎没有太大意义，
但当我们将这个昆虫放在群体的背景下，它就变得有意义了。在这些真社会性昆
虫中，群体之所以"起作用"，是因为个体开始生命的方式非常奇特。

　　这种引人入胜的生活方式仅限于少数几类昆虫。白蚁，实际上是能吃木头的
蟑螂，是真社会性生物。在膜翅目（黄蜂、蚂蚁和蜜蜂）中，这种生活方式至少已
经演化了11次。几乎所有的蚂蚁种类都具有真社会性，除了少数几种奴役其他蚂蚁
的蚁种，它们没有工蚁，依赖寄主蚂蚁的工蚁提供劳动力。

　　我们往往认为，所有蜜蜂和黄蜂都生活在某种巢穴或蜂巢中，围绕一个蜂后
而忙碌。事实上，大多数蜜蜂和黄蜂都是独居的。蚂蚁和蜜蜂都是从独居的、食
肉的蜂演化而来的。除了白蚁和真社会的膜翅目（最重要的真社会性动物），这种
生活方式也出现在蚜虫、蓟马和甲虫中。除了上述动物，其他昆虫似乎正处于真社
会性的边缘。

群体控制

一个由数千甚至数百万只社会性昆虫组成的群体是如何运作的呢? 这必然是自然界中最吸引人的问题之一,就像许多其他问题一样,我们实际上并不知道真正的答案。过去有观点认为,蚁后或蜂后通过化学物质发出的自上而下的指令控制了群体的方方面面。这一观点是基于人类社会的运作方式:精英控制下层的等级制度。我们现在已经知道,事实并非如此。这些群体可能比我们想象的还要奇特。如果我们将整个群体视为"个体",即一个超级有机体,那么这些真社会群体的生活才会有意义。在超级有机体中,蚁后或蜂后是群体的卵巢。保育工蚁扮演辅助繁殖的角色,它们负责照顾幼虫、蚁后或蜂后。觅食工蚁是群体的"肌肉",负责其他所有维持群体正常运作的事务。在超级有机体中,没有一个个体处于控制地位,也没有一个个体真正了解群体的需求。例如,一只切叶蚁携带一片叶子返回巢穴,或一只白蚁为了保卫巢穴自我牺牲,但其实,它们都并不知道整个蚁群究竟发生了什么。

但我们知道的是,蚁群中的个体总是在交换信息。如果你仔细观察蚂蚁,就会看到它们似乎在通过互碰触角来"打招呼"。这就是通过化学信息来分享信息的方式。例如,它们可能会互相传达关于威胁和食物来源的信息。关键在于,每只工蚁其实都只遵循一组简单的规则,并对周围环境的变化做出反应。当大量工蚁都在不停地这样做时,一些了不起的事情就会发生——我们观察到了复杂行为的出现。

ᵛ 只有真社会性昆虫巢穴中的"蚁后或蜂后"才会繁殖后代。

ᵛ 群体成员经常交换反刍液体。这被称为食物交换,确保整个群体平等分享食物。

社会性蚜虫和蓟马

虫瘿守卫者

· 目前已知有 60 种兵蚜。
· 兵蚜注射的毒素可以麻痹并杀死它们的昆虫敌人。
· 虫瘿中高密度的蚜虫可能是兵蚜发育的诱因。

　　蚜虫通常密集地聚居在植物上，许多种类还会诱导它们的寄主植物产生虫瘿，供其栖息。有很多种类的蚜虫群居结构似乎十分复杂。然而，这些群体是否被认为具有真社会性却存在争议，因为它们是无性繁殖生物，且某一群体中的所有个体都是由建立该群体的雌性蚜虫克隆而来。但不管怎样，这些蚜虫群体内部确实存在分工。有些个体充当士兵，负责保卫群体免受敌人袭击，并完成其他任务，比如清除群体内的废弃物。这些兵蚜可能有发达的足、角状的头、增厚的外骨骼和充满毒液的口器。有了这些武器，它们可以抓住、压碎、刺穿、蜇伤它们的敌人。有些居住在虫瘿中的兵蚜甚至会牺牲自己来保护群体。当虫瘿被饥饿的毛毛虫咬破时，兵蚜会首先尝试用刺来威慑敌人。然后，它们尝试使用自己的体液来

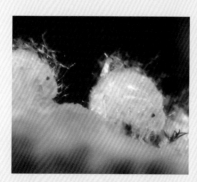

∧ 这种社会性蚜虫的若虫会破裂自己的身体，以封住虫瘿的缺口（门泽氏苜蓿蚜）。

〉虫瘿里的社会性蚜虫。

修复虫瘿的破损处，这些体液会迅速凝固以填补洞口。在洞口硬化时，一些兵蚜会被困在里面，而另一些则会被挡在外面。无论哪种情况，都意味着有些兵蚜要经受缓慢痛苦的死亡。

　　某些澳大利亚蓟马的复杂群体也居住在虫瘿中。在形成虫瘿的雌性蓟马后代中，有些扮演士兵的角色，它们用大的前肢保卫群体，特别是防御想占领该虫瘿的其他蓟马。其余后代会成为散居者，离开虫瘿，尝试建立自己的群体。

　　这里的和谐、真社会性生活的界限似乎有点模糊，因为其中一些士兵蓟马可能在皇后的身边就产下了自己的后代。事实也证明，至少有一类士兵蓟马充当医护人员的角色，负责分泌抗真菌化合物，以防止病原真菌滋生。所有这些都是由生活在金合欢树上一个小小虫瘿中的、体长仅约 1 毫米的昆虫完成的！

∧ 社会性蚜虫，桦树隐头蚜正在攻击一只掠食性草蛉幼虫。

> 社会性蚜虫，紫茎谷物蚜拥有一批好战的士兵，它们会将头部的刺刺入捕食者。

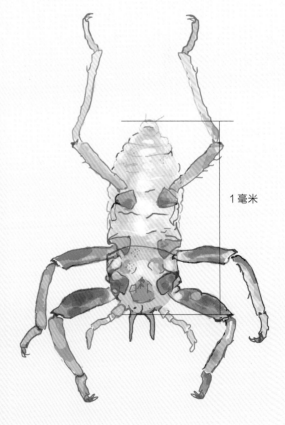

1毫米

二倍体还是单倍体

在许多真社会性昆虫中，建立巢穴依赖于皇后能够产生大量的雌性后代，这些雌性后代负责维持和扩大巢穴，照料幼虫，寻找食物以及抵御敌人。产生大量忠诚的雌性后代的能力取决于这些动物非凡的繁殖能力。蚁后可以通过非常节约地使用其从单次交配中储存的精子来控制其后代的性别。如果需要一个雌性后代，蚁后会在产卵时释放少量的精子来使卵受精。如果蚁后不释放精子，卵就不受精，并发育成一个雄性后代。这种特性意味着这些昆虫中的雄性有祖父，但没有父亲；将有孙子，但没有儿子。这一不同寻常的特性是黄蜂、蚂蚁和蜜蜂成功生存的根源，因为这意味着雌性工蚁与其姐妹的关系比与其后代的关系更为亲近，所以它倾向于照料姐妹和巢穴，而不是独自离开去繁殖后代。

现存的真社会性黄蜂、蚂蚁和蜜蜂的祖先原本是独居的捕食性生物，它们将麻痹后的猎物储存在巢穴中——就像现存的独居黄蜂那样做。通常，这些"巢穴"是搭建在地下、空心植物茎干或死木中的简单线性排列的育儿室。每个育儿室包含一枚卵和一份食物储备（被麻痹的猎物），并且通常用泥土制成的隔板与其他育儿室隔开。雌蜂的体形比雄蜂大，所以雌蜂需要更多的食物和更长的时间来发育。雌蜂有能力将雌性的卵产在巢穴深处的育儿室中，而将雄性的卵产在靠近入口的育儿室中。如果没有这个特点，雄性后代会首先发育，并试图逃离巢穴，从而破坏仍在发育中的姐妹的育儿室，造成一片混乱。

﹀这种性别决定方式也出现在独居蜂和黄蜂——社会性物种的祖先生活方式中。这幅图展示了墨西哥等齿泥蜂的巢。它展示了作为猎物的树蟋、草叶隔板间和一个茧（中左部分）。因为雌性幼崽的体形比雄性大，并且需要更多时间发育，所以雌性的卵首先在这些线性巢穴的深处产下。

> 在许多真社会性昆虫种类中，皇后可以控制后代的性别。受精卵发育成雌性，未受精的卵发育成雄性。

二倍体雌性

单倍体雄性

♀

♂

卵子

卵子

精子

未受精的卵

♂

受精卵

♀

单倍体雄性

二倍体雌性

生态统治

虽然并不是所有昆虫物种都是真社会性的，但具有真社会性的昆虫凭借其惊人的组织能力和庞大的数量，在其生态系统中占据统治地位。在热带地区，蚂蚁和白蚁几乎无处不在。

在热带，每平方米土地上能够找到 1 000 只蚂蚁或白蚁的情况并不罕见。在热带和亚热带生态系统中，白蚁是陆地上两种最丰富的生物分子——纤维素和木质纤维素（构成植物的物质）的主要消费者。总体而言，白蚁吃掉了这些生态系统中 50%~100% 的死亡植物。所有这些进食活动会产生大量气体，据估计地球大气中 2%~5% 的甲烷来自白蚁的排气以及它们巢穴中的腐烂物质。

同样，切叶蚁在生态系统中的统治地位也与个体大小无关。这些蚂蚁组成了也许是最复杂的昆虫社会，建造出巨大而极其复杂的巢穴。这些巢穴可以延展超过 600 平方米，深入土壤达 8 米或更深。这些巨大的巢穴是数以百万计工蚁的家园。

为了了解这些巢穴的大小和复杂性，生物学家将水泥倒入表面的孔洞，待水泥凝固后再小心地挖掘。填充所有的隧道和巢穴需要多达 10 吨的水泥，最终展示出一座真实的昆虫大都市。连接各个巢穴的隧道以最大限度地增加巢穴内的气流和提供最短的运输路线的方式来建造。

﹀ 在收集植物材料和建造巨大复杂巢穴的过程中，切叶蚁对它们生活的栖息地产生了巨大的影响。

探虫记 | 昆虫行为解读

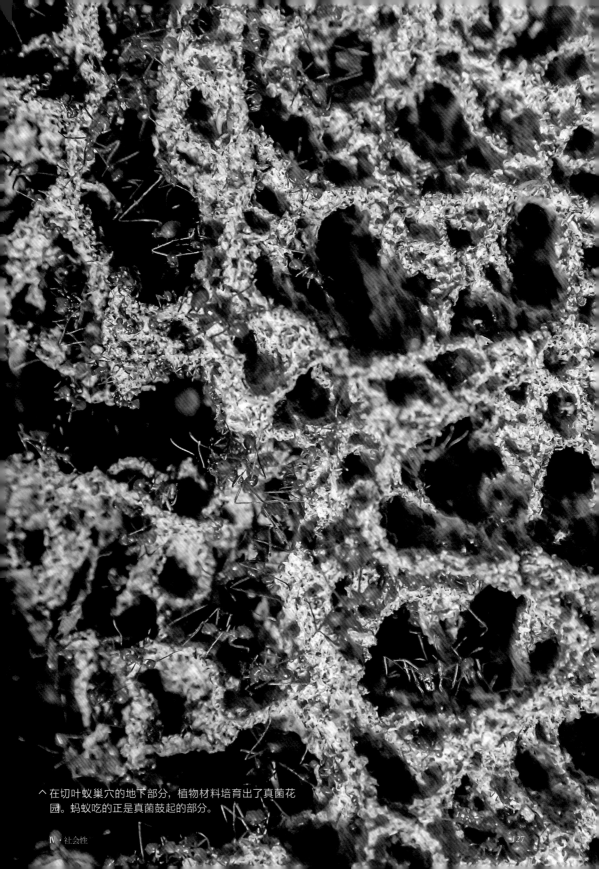

∧ 在切叶蚁巢穴的地下部分，植物材料培育出了真菌花
园。蚂蚁吃的正是真菌鼓起的部分。

令人惊讶的是，所有这些工作都是由脑袋只有一个句号那么小的动物完成的。在建造这些巢穴时，蚂蚁需要移动数吨土壤，覆盖一个仅 50 平方米的巢穴需要移动约 40 吨土壤。这项艰巨的任务相当于蚂蚁数 10 亿次的搬运，以人类的标准来看，每次搬运的距离超过 1 千米，且每份泥土的质量是蚂蚁本身的 4 倍。这些巢穴确实是自然界的一大奇观。与那些建造巨大、错综复杂的巢穴的蚂蚁形成鲜明对比的是，某些蚂蚁物种（例如切胸蚁属）的整个巢穴可以容纳在一个橡果那么小的或类似的微小空间里。

切叶蚁在地下的巨大工程与它们在地上取得的成就旗鼓相当，甚至更大。这种奇特的共生关系，也是动物中少数农耕行为的例子之一，切叶蚁会培育并食用一种真菌，特别是由真菌制造的叫作"结节丝"的小肿块。真菌在一些地下巢穴的特殊园区中得到培养。这种真菌只能在切叶蚁的巢穴中找到。反过来，真菌消耗植物物质，而这就是蚂蚁需要收集的东西，蚂蚁也因此成了所在地最重要的植食动物之一。成群结队的觅食工蚁长驱直入，在周围的土地上肆意觅食，这使得大片土地上植物的叶子完全落下，以供真菌食用。在某些地方，切叶蚁消耗的叶片比该地区所有的草食哺乳动物加起来还要多。

▽ 切叶蚁的巢穴极其复杂，而且非常庞大。

挖出的土堆

通风孔

真菌室

隧道

废物室

直径约 8.5 米（估计）

^ 为了揭示切叶蚁巢穴的大小和复杂性，可以将
水泥倒入巢穴的入口处，然后让其凝固。随
后小心地挖掘土壤，以露出各个腔室和隧道。

蚂蚁的食性

蚂蚁吃各种各样的东西。有些蚂蚁是凶猛的捕食者，它们捕获活的猎物后将其分解，再带回巢穴。木蚁是出色的捕食者和腐食者，但它们最重要的食物来源是蜜露——一种从蚁穴周围树冠顶部蚜虫的后端流出的甜液。蜜露约占木蚁饮食的 90%。有些蚂蚁则食用一些由树叶提供的被称为贝尔特体的小型营养囊。

吸血鬼蚂蚁的食性可能是所有蚂蚁中最为奇特的。当食物短缺时，吸血鬼蚂蚁的蚁后会以自己的幼虫为食——捡起一只幼虫，用颚轻轻刺穿它，然后吸食其体液。在某些种类的蚂蚁中，巢穴里的工蚁也会吸食同胞的血淋巴，但它们会先将幼虫带出育雏室再这么做。这种奇怪的行为不会杀死幼虫，但可能会延缓或妨碍其生长。某些种类的幼虫（例如日本细蚁）身上甚至有"水龙头"，工蚁可以通过这些"水龙头"吸食幼虫的血淋巴。

﹀ 已知几种蚂蚁的工蚁会吸食它们幼虫同胞的血淋巴（钝针蚁属）。

等级制度

在真社会性昆虫群体中，存在劳动分工，有的个体专门负责收集食物、照顾幼虫、守卫巢穴、产卵或建立新的巢穴。这些工蚁、保姆蚁、兵蚁、蚁后和蚁王在外观上往往差异十分巨大。

皇后

在真社会性昆虫的巢穴中，具有繁殖能力的个体是皇后，每个巢穴可能只有一个或少数几个。皇后在单次空中交配后建立巢穴。这些皇后通常寿命很长，有些甚至是所有昆虫中寿命最长的。蜜蜂蜂后的寿命可能长达 4 年，而木蚁蚁后的寿命可能长达 15 至 20 年。其他一些种类的蚁后甚至可能存活 30 年。白蚁蚁后的寿命可达 20 年，甚至可能更长。

这些皇后的生活并不轻松。它们可能会被工蚁照顾，并拥有昆虫所需的一切，比如食物，但它们必须不断产卵。如果产卵数量减少，整个蚁群就会灭绝。在某些白蚁种类中，蚁后每天产下约 20 000 枚卵。用于繁殖的雄性，称为蚁王或雄蚁。总的来说，它们所要做的就是为年轻的蚁后提供精子，以便其建立一个新的蚁群。

ⅴ 白蚁蚁后负责产卵。在其漫长的一生中，它们可以繁殖数百万个后代。

工蚁

真社会性昆虫中的另一大类个体是工蚁，它们负责其他所有的事务。专门负责保卫群体的工蚁也被称为兵蚁，而在某些情况下，这些兵蚁强大到几乎可以抵御所有的威胁。例如，行军蚁的兵蚁头部较大，里面充满肌肉，这能为它们的颚提供动力。

在某些切叶蚁中，存在几种不同的工蚁类型。最小的工蚁叫作"小工蚁"，它们负责照顾幼虫并照看真菌园。接下来是次级工蚁，它们不断地巡逻并守卫觅食路线。一只次级工蚁搭着一片树叶回巢穴是十分常见的现象，这并不是因为它们不愿意走路，而是因为搬运叶片的工蚁可能受到寄生蝇的威胁，这些寄生蝇可以在蚂蚁体内发育。次级工蚁就像一只微小的看门狗，能阻止这些寄生蝇靠近。

ˇ 为了捍卫领土，行军蚁的兵蚁头部较大，里面充满肌肉，为颚提供动力。

中型工蚁的体形比小型工蚁要大，它们的主要工作是采集叶片并将其带回巢穴。几年前，人们发现当这些中型工蚁原本像剃须刀一样锋利的颚开始变钝时，它们就会更换工作，因为切割叶片耗费的时间变长了。随后，这些年纪较大的中型工蚁会转而承担搬运任务。

切叶蚁中体形最大的是大型工蚁。它们是蚁群的"士兵"，但同时也承担着重物搬运工作，如清理觅食路上的大块碎屑以及将大块的食物残渣搬回巢穴。

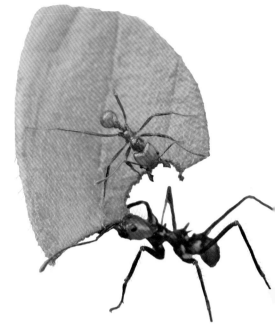

∧ 小型切叶蚁工蚁骑在大型工蚁搬运的叶片上，以保护比它们体形更大的姐妹们免受寄生蝇的侵害。

∨ 社会性昆虫的工蚁在建设和维护它们的巢穴时，会转移大量物料。

种群发展

我们在蚂蚁或白蚁群体中看到的截然不同的形态，如果考虑到它们拥有相同的 DNA，那么这种形态差异就显得尤为惊人。如何凭借同一套基因指令，得到外观、功能和行为如此不同的成虫呢？在某些情况下，甚至可能是所有情况下，这全都取决于幼虫所摄取的食物。在适当的时候给予充足的食物、不足的

∧ 工蚁竭尽所能地照料它们正在发育的同胞。这里，一只蜜蜂正在蜂巢的蜜室中照料一只幼虫。

食物或特定类型的食物，似乎会触发发育开关，导致出现截然不同的成虫形态。

当蜜蜂巢穴准备培育新一代的蜂后，每个蜂后都希望建立自己的群体时，工蜂会建造蜂后蜜室，并在这些蜜室里给幼虫喂食大量的蜂王浆，这是一种从它们头部腺体分泌出来的美味可口的物质。将这种物质在整个发育过程中喂给蜂后蜜室中的幼虫，会触发其发育成蜂后形态，并拥有完全发育的卵巢，以便产下自己的后代。

⌄ 在社会性昆虫的单一群体中，我们所看到的截然不同的形态——这里是白蚁——都源自同一套基因指令。

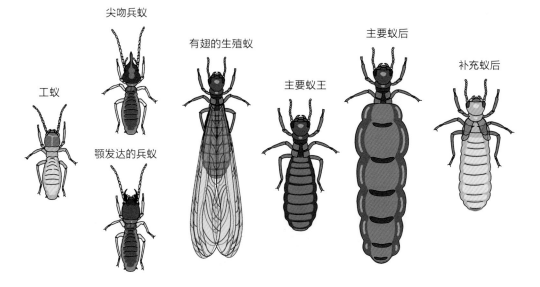

尖吻兵蚁

有翅的生殖蚁

主要蚁后

工蚁

主要蚁王

补充蚁后

颚发达的兵蚁

飞蚁日

　　如果你是一只狐狸或一只鸟，你会喜欢飞蚁日，因为地面和空中有许多可食用的美味。但如果你害怕昆虫，那么你就会讨厌飞蚁日。不管你是喜欢还是讨厌，飞蚁大规模涌现的现象为我们提供了一个绝好的机会，让我们得以窥探这些神秘且大多生活在地下的动物。这些昆虫的大量出现和飞行可能并不是集中在某一天，而是根据温度和湿度，在一个月内可能发生多次。这些事件涉及的飞蚁数量众多，以至于它们在天气雷达上看起来像云。但是，到底是什么原因造成了这一切呢？

　　昆虫群体的唯一目标就是繁殖更多的群体，在巢穴的深处，新的蚁后和雄蚁正在被培养出来，它们将有望成功地完成这一使命。你在飞蚁日所看到的其实是婚飞现象。大量的准蚁后和雄蚁从整个区域内的巢穴中起飞。在空中短暂的交配飞行，对于来自不同群体的雌蚁和雄蚁来说，将是它们相遇并交配的唯一机会。之后，雄蚁很快死亡，而雌蚁则降落到地面，脱掉翅膀。如果雌蚁幸运的话，它就会建立一个全新的巢穴。这需要一些运气，只有很小一部分雌蚁会获得成功。如此大规模的涌现也会使捕食者不堪重负，年轻雌蚁因此增加了躲避捕食者并建立新群体的机会。同样，还有飞白蚁日，那时有翅膀的雌白蚁和雄白蚁会大量涌现出来做同样的事情。

ˇ 大规模的涌现意味着新的蚁后可以找到伴侣并超越捕食者（右图）。但它们中的任何一个，成功建立新群体的机会都很小。在交配事件之后，雄蚁就会死亡并掉落到地面上（左图）。

 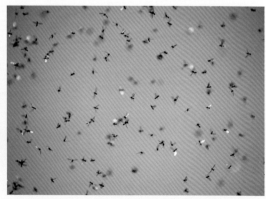

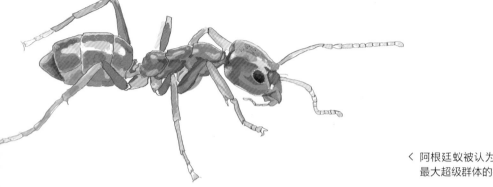

< 阿根廷蚁被认为是能够形成
最大超级群体的社会性昆虫。

蚂蚁超级群落

　　人们对黄蜂、蚂蚁和蜜蜂这类社会性昆虫的普遍认知是，它们是由单一皇后统治、众多工蚁居住在同一巢穴中的群体。然而，遗传学和标记数千工蚁的细致研究已经证明，事实要复杂得多。例如，研究表明木蚁群落可以有一个蚁后（单雌制）或多个蚁后（多雌制），同时，它们的巢穴可以是单一的（单巢制），或是多个相互连接的巢穴（多巢制），后者借助"分枝"而形成。

　　在任何给定的区域，木蚁的社会结构可能存在多种，从一个群落占据一个巢穴且只有一个蚁后，到超级群落占据许多独立但相互连接的巢穴，并拥有数百个蚁后，各种形态应有尽有。

　　最极端的例子是来自日本的木蚁，它们形成了巨大的超级群落，覆盖面积达2.7 平方千米，估计有 3.06 亿只工蚁和 100 万只蚁后。即使是这样的木蚁超级群落，也可能被阿根廷蚁的超级群落所超越，阿根廷蚁在欧洲、美国和日本大量存在。它们似乎形成了一个由数 10 亿只蚂蚁组成的单一超大群落，已经占据了地球相当大的范围，并且数量仍在不断增长。来自不同大陆的阿根廷蚁个体之间不会互相攻击，而是表现得它们仿佛是亲属一样。这使得生物学家首次意识到，他们面对的是一个超大群落。据说在欧洲，这个超大群落的一个巨大分支沿地中海海岸线，能够延伸约 6 000 千米。在美国，另一个分支沿加利福尼亚州的海岸线，能够延伸超过 900 千米。此外，还有一个巨大的分支沿着日本的西海岸延伸。

　　形成超大群落和超大群落的分支，可能是一种相对低风险的向新区域扩张的方式，因为蚁后远离群落并成功建立一个新巢穴的机会非常小。

奴隶制蚁群

从零开始建立一个群落困难重重，很少有蚁后能够获得成功。大约有 50 种蚂蚁（还有更多尚待描述的种类）演化出了一种邪恶的方法来建立群落，那就是它们奴役其他蚂蚁种群的个体。这些奴役者会袭击目标蚂蚁种群的巢穴，偷取幼蚁，甚至诱骗活跃的工蚁与它们一起离开。在袭击过程中，它们会分泌化学物质来制造混乱，促使工蚁互相攻击，而不是攻击入侵者。回到奴役者的巢穴后，被奴役的蚁群仍然会反抗。有些种类的蚂蚁会有计划地撕开奴役者的蛹，或将它们带到巢穴外面杀死。

∨ 左图：许多蚂蚁种类都是奴役者。这里展示了悍
蚁属的蚁后，与寄主福米卡蚂蚁的工蚁和幼蚁
在一起。
右图：这是悍蚁从对其寄主种的袭击中返回的
场景。

保卫群落

真社会性昆虫的巢穴里，塞满了各种其他动物想要的好东西。群落的孩子——营养丰富的卵、幼虫和蛹，可都是巨大的诱惑。此外，还有食物储藏室和垃圾堆，所有这些都是巢穴掠夺者垂涎的对象。这些巢穴也是十分安全、平静的地方。它们为主人提供了保护和稳定的环境。

巢穴入侵者的种类多种多样，从不会造成明显伤害的良性入侵者，到那些对巢穴居民做出恶劣行为的更为阴险的物种。为了抵御这些不受欢迎的入侵者，真社会性昆虫演化出了各种各样的防御技能，从建造巢穴本身的厚墙，到制造化学武器和组建敢死队，应有尽有。

白蚁

在白蚁中，某些物种建造的显眼土丘，是它们的第一道防线。这些土丘可以维持数十年，甚至数百年。这些土丘是由土壤和白蚁体液混合而成的——其硬度比周围地面坚硬得多。除了作为防御工事，这些土丘还是精巧的、有气候调节功能的高层建筑。它们利用风力为地下蚁群通风。

当这些防御工事被突破时，蚁群内的成员会纷纷赶来保卫群落。显然，白蚁士兵是最先站出来承担这项责任的。有些白蚁则采取一种较为被动的防御方

∨ 社会性昆虫的巢穴资源丰富，因此兵蚁和防御工事对昆虫来说至关重要。

式——用自己的身体简单地封堵巢穴的缺口。这被称为门头封堵。这些进行门头封堵的兵蚁有加固的头部，加上它们锋利的颚，可以有效地保护缺口，直到完成巢穴修复。

除了这些封堵者，我们还在白蚁士兵身上看到了各种极为厉害的武器。它们的颚形态各异，有的用于穿刺，有的用于切割，有的用于碾压，还有的能迅速咬合，给敌人以致命一击。奇怪的是，有些白蚁士兵的颚几乎完全退化，取而代之的则是向敌人喷射有毒化学物质的喷嘴，或用于涂抹毒药的刷子状结构。

白蚁士兵在保卫群体时使用的化学物质是多种多样且十分特殊的。不同种类的白蚁士兵们会根据需要分泌油脂、刺激物、接触性毒素和黏合剂等物质。拥有劈砍颚的白蚁士兵会使用油脂，这些油脂会延缓颚攻击造成伤口的愈合速度。刺激物迫使攻击者（如蚂蚁）停止攻击，因为攻击者会疯狂地尝试清理自己。接触性毒素通过颚造成的伤口进入敌人体内，加速敌人的死亡。白蚁士兵们分泌的黏合剂在纠缠敌人方面非常有效，它常常与刺激物和毒素结合使用。总的来说，白蚁士兵拥有真正的化学武器库。

最令人称奇的白蚁士兵是那些敢死队。某些种类的白蚁士兵真的会排泄至死。在防卫巢穴时，过度的排泄会导致白蚁士兵体内破裂，从而将体内各种防御腺体的内容物喷洒到敌人身上。"焦油宝宝"白蚁可以随意使其身体破裂，用有毒的、迅速凝固的混合物缠住攻击者。极端防御手段不仅限于白蚁士兵，这些种类的工蚁也可以一直排泄，直到身体破裂，或变成一堆黏糊糊的混合物。

∨ 鼻头型白蚁士兵头上有一个喷嘴，用于向敌人喷射有毒化学物质。

∨ 桑德氏盖蚁的一对超长的颚腺贯穿整个身体。它可以随意破裂这些腺体，将有毒的黏稠物质喷洒到敌人身上。

颚腺

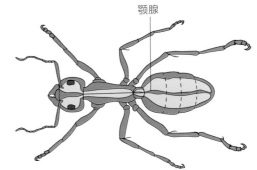

蚂蚁

蚂蚁在许多方面都与白蚁相似，包括它们多种多样的防御手段。它们都可以建造出非常坚固的巢穴。除了最专业的掠夺者，这些巢穴几乎能够抵抗所有的侵略者。还有一种"塞口"工蚁，它们用自己的身体封堵巢穴中的孔洞。它们还演化出了多样的极为厉害的颚。其中最令人印象深刻的，是所谓"陷阱颚蚁"。这些攻击性极强、十分锐利的颚可以在180°的张口处"上膛"，然后以惊人的速度释放并闭合，将入侵者甩开或将工蚁弹出危险区域。甚至还有敢死队的爆炸蚁，它们可以通过破裂腹部，释放出明亮的有毒物质。

蚂蚁拥有而白蚁没有的，那就是螫针。大多数种类的蚂蚁能够通过喷射非常强效的毒液来螫人。马里科帕收获蚁的毒液是已知最毒的昆虫毒液。按质量计算，这种蚂蚁的毒液比许多毒蛇的毒液都要致命得多。对人类而言，只注入微量的毒液，就足以导致持续几小时的剧烈疼痛。最臭名昭著、几乎成为传奇的螫人蚂蚁是子弹蚁。它们是一种体形庞大的蚂蚁，其螫针更是大得多，有人说它是所有昆虫中螫人最痛的。

在某些情况下，蚂蚁会将毒液涂抹或喷射到敌人身上。这是人尽皆知的火蚁属的策略，但当它与"覆盆子疯狂蚁"对峙时，它就会陷入困境。因为疯狂蚁会用自己的毒液涂抹自己，从而中和火蚁的毒液。其他种类蚂蚁的刺和相关腺体进一步演化，使毒液能够在压力下喷射出来。木蚁工蚁通过弯曲腹部穿过足，并向进犯者喷射蚁酸来保卫巢穴。无论是鸟类、獴还是戴眼镜的自然学家，都难逃其魔掌。

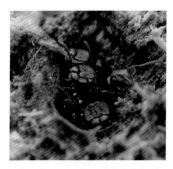

^ 左图：塞口工蚁和白蚁工蚁用扁平且坚固的头部堵住巢穴的入口和裂隙。
右图：许多蚂蚁种类都利用刺激性很强的螫针来对付较大型的动物，且效果很好。子弹蚁的刺会给威胁者带来强烈的疼痛感。

^ 与它们体形较小的亲戚们的不同之处在于，巨型蜜蜂在露天环境中建造巢穴，通常附着在树枝上或岩石突出部位的下方。因此，它们演化出了多种防御手段来抵御捕食者的袭击。

蜜蜂和黄蜂

在所有的社会性昆虫中，蚂蚁和白蚁拥有最广泛的防御手段，同时蜜蜂和黄蜂擅长自我保护。它们都演化出了各种复杂的防御机制来对抗敌人，从盘旋护卫、巢穴入口处的护卫，到热的"蜂球"。

南亚和东南亚的巨型蜜蜂生有坚硬的刺和强大的颚，是一种令人畏惧的昆虫，但其巢穴并不是建在某种空洞内，而是悬挂在树枝下方或在岩石悬崖下。因此，这个蜂种可能是所有蜜蜂中最具防御性的，甚至超过了以狂暴著称的非洲蜂。

首先，塞满食物的仓库和抚育幼蜂的巢穴和蜜囊都会受到工蜂的保护。如果看到从 30 米或更高树上悬垂的 10 万只庞大而盛怒的蜂群，还不足以打消饥饿的熊或鸟觅食的念头，那么蜂群就会给这头熊或这只鸟展示昆虫版的"墨西哥波"（通常，"墨西哥波"指体育赛事观众集体做出的波浪式动作，在此用来描述巨大的蜜蜂群体如何协同工作，来警示或驱赶潜在的威胁者。——译者注）。所有附着在暴露巢穴之上的工蜂会按顺序一波一波抬起它们的腹部，从而产生闪闪发光的视觉效果。这让鸟类、哺乳动物和捕食性黄蜂知道，它们已经被发现了，如果捕食者继续前进，那蜜蜂就一定会采取进一步的反制行动。如果捕食者不顾一切地继续前进，守卫的工蜂就会呈之字形飞行，并且伸出蜂刺。这种行为促使其他工蜂在接近蜂巢下部边缘时，紧密地团结在一起形成细链，并发出嘶嘶的声音。如此一来，这就会使蜂巢看起来比实际要大，如果捕食者试图从巢穴的下边缘咬上一口蜂巢的话，那它就将会陷入工蜂的重重包围之中。当然，即使有这些防御措施，也无法阻止最坚定的捕食者。像太阳熊这样的动物，就会经常袭击巨大的蜂巢，并带走它期望得到的战利品。

日本蜂

在日本，欧洲蜜蜂的巢穴经常遭受日本大黄蜂的袭击。这种大黄蜂是一种非常强大的蜂种，也是现存体形最大的蜂种之一。当大黄蜂找到欧洲蜜蜂的巢穴时，它就会在巢穴周围留下信息素标记。其后不久，它的同伴会通过信息素标记聚集到蜂巢附近。黄蜂群会飞入蜂巢，并开始大肆屠杀。欧洲蜜蜂与大黄蜂相比，就显得较为弱小，它的体形只有大黄蜂的1/5。1只大黄蜂可以在1分钟内杀死40只欧洲蜜蜂，而30只大黄蜂就可以在3个多小时内灭掉约30 000只蜜蜂的整个蜂巢。蜂巢里毫无防备的居民不仅会被杀，并且还会被残忍肢解。袭击后，蜂巢里散落着被斩首和肢解的蜜蜂，大黄蜂将蜜蜂的胸部带回自己的巢穴，以喂养它们的幼虫。在离开之前，大黄蜂还会大快朵颐，吃掉蜜蜂的蜜。

这一令人惊叹的自然现象不禁让人好奇：日本的本土蜜蜂会是什么情况呢？它们会被袭击吗？答案是否定的，原因相当玄妙。大黄蜂会接近日本本土蜜蜂的巢穴，并试图留下信息素标记。日本本土蜜蜂感知到这一点后，会纷纷从蜂巢中飞出，形成一个充满怒火的云团。工蜂们则会紧密围绕这个入侵者，团成一个球，其中可能包含500只蜜蜂。这个防御性球体，将大黄蜂层层包围在其中，且变得很热——不仅因为蜜蜂振动翅膀，还因为它们分泌出的一种化学物质。与蜜蜂不同，大黄蜂无法忍受如此高的温度。不久后，它就会死掉，而日本本土蜜蜂巢穴的信息素标记也将随之消失。

> 上图：日本本土蜜蜂演化出的一种对付巨型日本大黄蜂的方法——将它们炙烤致死。
> 下图：日本大黄蜂的蜂后是最大型的黄蜂之一。这个蜂种的工蜂经常袭击蜜蜂的巢穴。

社会性昆虫巢穴中的"客人"们

任何能够在社会性昆虫的巢穴内生活，而不被工蜂像撕扯软面包那样追赶并撕碎的动物，都是赢家。这些巢穴就像是堡垒，提供恒定的温度和湿度。理想的生活条件，加上充足的食物，吸引了许多"客人"来到社会性昆虫的巢穴。

在白蚁和蚂蚁的巢穴中，我们发现了种类最为繁多的寄生者，社会性蜜蜂和黄蜂也有自己的寄生者。这些"客人"既多样又奇特，它们包括蜗牛、潮虫、马陆、拟蝎、裂腹蛛、蜘蛛、衣鱼、蟑螂、蟋蟀、蝴蝶、飞蛾、苍蝇，还有螨虫和甲虫等。此外，甚至还有寄生的社会性昆虫生活在其他社会性昆虫巢穴中的情况。很多时候，"客人"们已经破解了寄主基于气味的信息传递系统的密码。通过模仿寄主的气味，它们往往被当作巢友对待，并被工蜂养育。我们研究最为透彻的，可能就是蓝蝴蝶以及其狡猾的生存方式。

許多苍蝇已经习惯了生活在社会性昆虫的巢穴中。这种不寻常的蚤蝇与培育真菌的白蚁共同生活。其中许多寄居性白蚁都有着膨胀的腹部（生理胃），这使它们在外表上与其寄主十分相似。

压榨专家

作为一个群体，甲虫才是真正利用了社会性昆虫的巢穴。很少有其他寄居者可以与它们在奇异性上相匹敌。以生活在白蚁巢穴中的怪异隐翅虫为例，它们模仿寄主，拥有一个巨大膨胀的腹部。此外，有些还有类似于香肠的附属物，从它们膨胀的腹部悬挂下来，从上面看有点像足，这进一步增强了白蚁的伪装效果。人们还观察到白蚁会去舔这些悬挂物，也许就是被它们的化学分泌物欺骗了，它们才将甲虫视为同伴。

生活在各种蚂蚁种群巢穴中的潮虫。

由台湾爪齿白蚁寄主携带的微小的金龟子。这种甲虫是 2020 年在寄主的真菌园中被发现后才被描述的。

其他甲虫则成为利用蚂蚁巢穴的大师。这些甲虫种类多样，有的在巢穴附近徘徊，以捕食蚂蚁；有的则完全融入巢穴，并得到不知疲倦的工蚁喂食和清洁。更糟的是，甲虫通常以寄主的幼虫为食，并具有各种适应特征，比如有金色的鳞片丛、有能够分泌模仿寄主气味的奇特触角，以及在工蚁变得怀疑时，分泌能够安抚或惊吓工蚁的化学物质。

棒角甲虫就是这样一群专业的筑巢捕食者。它们像心怀恶意的房客一样，在蚁穴的通道和房间里四处游荡，散发出蚂蚁的气味，并且随意食用寄主的幼虫。偶尔，当贪婪的甲虫杀害另一只丰满的幼虫时，工蚁会产生怀疑，但在蚂蚁的审查下，甲虫只需从其膨大的触角和体躯的毛孔中释放出更多的蚂蚁气味，工蚁的怀疑很快就被打消。

⌄ 隐翅虫是社会性昆虫巢穴中种类最丰富的入侵
　 者。这种隐翅虫与长足白蚁共生。

　　　　　　　　　　　　　　　　　　　　　　　　　　探虫记 | 昆虫行为解读

∧ 这些未定种的衣鱼生活在白蚁巢穴中。

∨ 最小的蟋蟀物种生活在蚂蚁巢穴中。它们与其寄主完全融为一体，经常可以看到它们从寄主工蚁那里接收食物（蚁蟋属未定种）。

黄蜂巢

谁会想住在黄蜂的巢穴里呢？黄蜂是体形大、力量强的胡蜂，名声远扬，但它们的巢穴也会被其他动物利用和侵犯。如果你足够勇敢，想去探寻欧洲黄蜂的巢穴，你就会发现扁隐翅虫的幼虫和成虫。这种甲虫具体做些什么，我们还不得而知。它们可能在黄蜂巢穴下方的碎屑中捕猎苍蝇的幼虫，也可能会吃掉从巢穴中掉下来的死亡或垂死的黄蜂。许多苍蝇幼虫都生活在这些巢穴中，包括令人印象深刻的黄蜂模仿者——黄蜂食蚜蝇，其幼虫以寄主的幼虫为食。

ᐳ 食蚜蝇的幼虫在社会性胡蜂的巢穴中发育，其中包括蜇巢黄蜂（巨脑蜂）的巢穴。

ᐯ 这种隐翅虫的幼虫生活在黄蜂巢穴下方的碎屑中，以废弃物以及死亡或垂死的黄蜂为食。

蓝蝴蝶 | 蝴蝶的不公平竞争

· 超过 50% 的灰蝶科蝴蝶（大约 3 000 个物种）在其生命周期的某个阶段会与蚂蚁互动。
· 许多金属斑蝶（斑蝶科）也与蚂蚁有关联。
· 朱红点灰蝶的幼虫能够发出三种振动信号，从而触发蚂蚁的某些特定行为。

蝴蝶的行为有时候非常令人不齿，特别是在其幼虫阶段。成虫是一种存在时间短暂、浅薄、充满欲望的生物，它们只关心与异性交配，但幼虫却肩负着在尽可能短的时间内吃掉足够多的食物的艰巨任务。为了做到这一点，一些种类的幼虫发现，如果能迷惑蚂蚁警觉的目光，它们就可以非常成功地完成进食这一任务。

⌄ 两个蝴蝶科中的许多种类都与蚂蚁有着密切的关联。其中一些蝴蝶是我们研究最为透彻的对象。

蓝蝴蝶（紫灰蝶属）会在其食用植物的花朵上产卵。当幼虫孵化出来以后，它就会在花朵上觅食数周，但随后会发生变化。在清晨或傍晚，幼虫会从花的底部开始啃咬，沿着花瓣缓缓爬到花朵顶端。显然，幼虫厌倦了托儿所的生活，于是它沿着一根丝降落到地面，开始等待。

　　这是它短暂的一生中最为危险的时刻。短草丛中，捕食者比比皆是，它们都能轻易地消灭一只娇小且丰满的幼虫。比如，一只正在觅食的小红蚂蚁闻到了蓝蝴蝶幼虫的气味，就会走近一探究竟。这只蚂蚁似乎被蓝蝴蝶幼虫吸引并入了迷，它用颤动的触角抚摸幼虫的体躯。此时，蓝蝴蝶幼虫就会松一口气（如果它会这样做的话），因为这正是它所期待的。为了表示它十分欣慰，蓝蝴蝶幼虫就会从其尾端分泌出一滴甜液，而蚂蚁则会立即开始吸食。这个过程可能会持续一段时间，直到蓝蝴蝶幼虫将其身体的中部或后部放平。这个简单的动作足以将蚂蚁彻底欺骗，让它以为这只蓝蝴蝶幼虫是从自己巢穴里走失的幼虫。蚂蚁用它的颚温柔地夹起幼虫，然后将它带回巢穴。

　　∨ 寄主工蚁会精心照料这些幼虫。此外，有些幼虫还会模仿蚁后发出的低频声音，目的是得到工蚁的喂养。

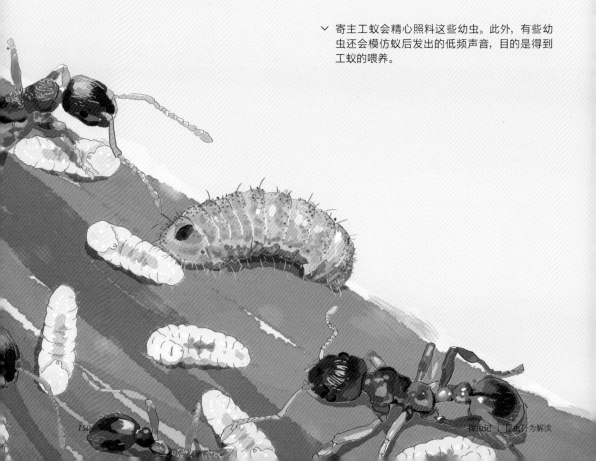

这样，蓝蝴蝶幼虫就会被安置在蚂蚁巢穴的育儿室里，与蚁群中无数的幼虫生活在一起。在这里，它就完全融入蚂蚁的生活环境。它的气味完全符合蚂蚁的喜好，而气味对蚂蚁来说至关重要。蚂蚁用反刍的营养液喂养蓝蝴蝶幼虫。甚至有些蓝蝴蝶幼虫能说服蚂蚁给予它们特殊的待遇，以便得到比蚂蚁的幼虫更多的关注和食物。蓝蝴蝶幼虫通过发出模仿蚁后的低频声音来达到这一目的。当蚂蚁的巢穴遭到侵犯时，这种特殊的照顾甚至会使蓝蝴蝶幼虫比蚂蚁的幼虫先被救出。

大蓝蝴蝶（紫灰蝶属）幼虫并不会得到同等程度的关心，相反，它们专门以蚂蚁的幼虫为食。在这样营养丰富的饮食滋补之下，幼虫迅速地成长，在巢穴里的第一个月，体重就能增加约 100 倍。幼虫会在巢穴里待上一段时间，享受着蚁穴的安全庇护。直到夏天来临，幼虫才开始蜕变为美丽的蝴蝶。

当其中一只蓝蝴蝶从地下深处的蛹羽化为成虫时，用来欺骗蚂蚁的把戏就失效了。它不再具有蚂蚁的气味，看起来也绝不像蚂蚁幼虫。当长期受苦的蚂蚁们终于觉察到了这一点，蓝蝴蝶也到了该逃跑的时候。蚂蚁们认为，它们精心抚养了近一年的蓝蝴蝶不过是个入侵者，如果它们抓住了这个狡猾的模仿者，就会把它撕成碎片。幸运的是，蓝蝴蝶还有最后一个花招来避免被问责。当愤怒的蚂蚁试图咬住这个逃窜的骗子时，它们只能咬到满嘴鳞片。新羽化的蓝蝴蝶全身都布满了松散的鳞片，蚂蚁们无法将其抓住。因此，靠着身上的鳞片，蓝蝴蝶就能设法摆脱曾经信任它的守护者，并从最近的巢穴出口逃离。在地面上，它能够找到高大的植物作为栖息点，并且在夏日的阳光下，翅膀会膨胀变硬，直到它准备好展翅高飞。

这个精彩的故事还没有结束。我们最近的研究发现，当这些雌性蓝蝴蝶产卵时，它们会被靠近其蚂蚁寄主巢穴的植物吸引。当蚂蚁在植物根部筑巢时，这种植物就会释放一种化学物质。或许，这是植物试图通过吸引蚂蚁的寄生虫来抑制蚂蚁生长的一种策略。不仅如此，就像自然界中的所有斗争一样，蚂蚁和蓝蝴蝶也在进行演化竞争。幼虫通过让自己的气味闻起来像蚂蚁来欺骗蚂蚁，因此寄主蚂蚁种群会不断改变它们的气味特征，以揭穿并暴露这些寄生虫。

V

拟寄生与寄生

寄生昆虫的出现是昆虫演化史上最精彩的一幕。在发育过程中，它们会捕食某一种猎物，以其为食，或在其体内寄生，并在这一过程中将其置于死地。我们可以在昆虫生命树中找到寄生昆虫，如螳蝇、甲虫、家蝇、蜂、蛾和石蛾。其中，寄生蜂和家蝇在种类上远远多于其他类群。这些群体的生活方式已经独立演化了很多次，苍蝇可能演化了超过 100 次。这些昆虫，特别是黄蜂，可能是所有动物中种类最多的。

∨一种寄生蜂的幼虫在其寄主——飞蛾的幼虫身上取食。

超级成功的生活方式

就物种而言，寄生昆虫是存活最为成功的昆虫。当你仔细观察它们并略微了解它们的生活方式时，你会发现它们是最引人注目的昆虫之一。昆虫学家 A. A. 基劳尔特（1884—1941）在思考寄生昆虫时，曾精妙地总结道："它们是一些迄今不为人知，或者大多数人从未见过或想象过的，森林里宝石般奇异的居民。"

〈 有些寄生昆虫用其极长的产卵管，
接触十分隐蔽的寄主。

你所知道的，或者你不知道的许多昆虫的身边，都至少会有一种寄生昆虫，有时甚至有好几种。在昆虫生命周期的各个阶段——卵、幼虫或若虫、蛹和成虫，都可能会受到一个或多个寄生昆虫的侵袭。不仅如此，这些寄生昆虫往往还有它们自己的寄生昆虫——能干的超级寄生蜂。

大多数情况下，寄生昆虫的生活都是不为人所见、不为人所知的。你可能会瞥见一只大的小蜂科寄生蜂在一片树叶上快速移动，其触角疯狂地抖动，或者看到一只不幸的毛毛虫身上布满了细小的丝质茧，这些茧是寄生昆虫幼虫从其寄主体内钻出来时编织的，但也仅此而已。它们通常极难识别，而且体形也十分微小——它们是最小的动物之一，因此非常容易被忽视。在陆地栖息地，它们无处不在，你可能永远都不会距离一只寄生昆虫几米远。

在草地上撒一张网，几分钟你就能捕获数千只小动物。若将网中捕获的小动物通通倒进一个白色托盘中，就会显露出令人震惊的生物多样性。你所看到的其中一些是大型昆虫，如蜜蜂和大飞蝇，但除了它们，在所有的种子头部和干茎中，还存在着更为微小的动物，其中许多动物几乎无法用肉眼清晰看见——它们就像一些匆匆穿行的小点和飞扬的微粒。这些小点中就有很多是寄生昆虫。许多寄生昆虫体形小，使它们能够利用大型动物难以触及的生态位，但这也给寄生昆虫带来了诸多十分棘手的挑战，特别是在繁殖方面，因为它们的产卵量极为有限。

∧ 这只寄生蜂（腹蜂属）正在用其产卵管向下钻入一个隐蔽的寄主体内。

∨ 大量的昆虫卵都会成为专门寄生卵的寄生蜂的猎物。这一整批盾蝽卵，都被一只寄生蜂给破坏了。

大多数寄生昆虫要么是蜂类，要么是蝇类，但也有一些其他种类的寄生昆虫值得一提。比如巴西蛾，它以其他毛毛虫身上的毒刺为食。这个物种的毛毛虫会在其寄主身上钻出一条丝状隧道，穿过隧道去吃附近的、含有毒素的刺。这对寄主来说极其危险，因为这样会导致它逐渐衰弱并最终死去。寄生毛毛虫也并不反感以死掉的寄主为食，它会钻入寄主体内取食。还有一类十分奇怪的蛾类，以叶蝉和蝉为食。它们的幼虫会依附在飞蝗或蝉身上，将其口器插入寄主体内，然后在四到五个月的时间里吸干其生命。

寄生甲虫

甲虫也加入了寄生昆虫的行列，尽管寄生在这类昆虫中并不是一种常见的生活方式。这是一群拥有精致触角的甲虫，它们是蝉的寄生昆虫。活跃的一龄虫会寻找寄主——一只年轻的蝉若虫，并在它钻入土壤准备过地下生活时附着在它身上。当寄主长得足够大时，它就开始大快朵颐。有些地面生活的甲虫变成了寄生昆虫，寻找并取食叶甲的蛹。它们甚至可能会窃取这些防御性很强的寄主身上的有毒化学物质。大多数芫菁刚孵化的幼虫是寄生昆虫，它们随着蜜蜂回到其巢穴，然后轻松钻入一个育儿室，吃掉寄主的卵，再吃掉蜜蜂作为食物储备的花粉。

∨ 为数不多的甲虫是寄生昆虫。有个值得注意的特例，就是蝉寄甲，它们是蝉的寄生昆虫。

复杂的生活方式

寄生蝇的寄主范围和生活方式又是另一回事，比如斩首蚁蝇。除了其他昆虫和节肢动物，它们的寄主范围还极其广泛。有一些蝇会在陆地扁虫、淡水蜗牛、蚯蚓的体内发育，还有的在青蛙和蟾蜍的脸部发育。锥头蝇的幼虫会在蜜蜂和黄蜂体内发育。其雌性的腹部尖端通常有点像开罐器，用来撬开寄主的腹甲以插入一枚卵。虽然只有少数几种已经得到了深入研究，但结果表明，蝇的幼虫能以某种方式控制寄主的行为。在一种寄生蝇中，熊蜂寄主会在被寄生蝇幼虫啃食其内脏之前，自行挖洞将自己埋葬。寄生蝇幼虫是如何做到这一点的，我们尚不清楚，但这大大提高了寄生蝇幼虫化蛹并羽化为成虫的机会，从而给毫无戒备的熊蜂带来更多的痛苦。

寄主操纵在寄生昆虫中可能十分常见，但在大多数情况下，我们对寄生昆虫与其寄主之间复杂互动的理解，还仅仅停留在表面。小头蝇的头小得很滑稽，它看起来相当无辜，但它们也是寄生昆虫——每一种小头蝇的幼虫都在蜘蛛体内完成发育。雌蝇会在蜘蛛网上或蜘蛛网附近产下一堆卵，孵化出来的活跃幼虫会寻找并且进入寄主体内，通常会经过足关节进入。它们会从那里蠕动到蜘蛛的书肺，并紧紧地附着在那里，有时长达几年，等待注定失败的寄主长到合适的大小。当

⌄ 大量不同种类的寄生蝇幼虫会在蜘蛛体外取食。
　其中一些甚至还能控制寄主的行为。

⌄ 这只狼蛛的腹部附着一只寄生蝇幼虫。

时机成熟，蝇的幼虫就会以某种方式让蜘蛛编织一张保护网，然后吃掉蜘蛛。许多寄生蜂也会做类似的事情，不过它们通常附着在不幸蜘蛛的体外，榨干它的生命，并迫使它在不得不屈服之前，编织一张特殊的保护网。你甚至可能已经见过一种寄生蜂幼虫，它有能力控制其寄主行为——它寄生在瓢虫的体内。成熟的寄生蜂幼虫会从甲虫体内爬出，然后在其下方结茧。甲虫停留在茧的上方，如同僵尸一般，偶尔还会抽动，为正在化蛹的寄生蜂提供了一些防御捕食者的保护。令人惊讶的是，这只甲虫有时还能幸存。

∧ 瓢虫双弯蛹寄生蜂（茧蜂属）是瓢虫的寄生昆虫。被控制的寄主会守卫着寄生昆虫的茧。

∨ 小头蝇专门寄生在蜘蛛身上。它们的生命周期长而曲折，极具趣味性。

斩首蚁蝇

　　在许多地方，工蚁时刻警惕着悄无声息地盘旋在它们头顶的威胁——准备产卵的雌性斩首蚁蝇。一旦发现合适的目标，一只蝇就会快速地飞下来，轻柔地落在蚂蚁的背上，有时蚂蚁的体形是蝇的数倍。斩首蚁蝇在选择蚂蚁的种类时十分挑剔。一些斩首蚁蝇仅捕食一种蚂蚁，而其他蝇则可能捕食几种蚂蚁。雌性蝇用尖锐的产卵管在蚂蚁的周围探查，然后穿刺蚂蚁外骨骼板间的薄膜。根据蝇的种类，卵可能会产在头部、胸部或腹部。产下一枚卵后，蝇就会飞走，去寻找更多潜在的寄主。

　　与此同时，幼虫最终会从卵中孵化出来。如果卵产在腹部或胸部，那么幼虫就会向上蠕动到蚂蚁的头部。一旦进入蚂蚁头部的颚中，幼虫就会安定下来进食，大口吃掉这个倒霉寄主头部的肌肉和其他组织。幼虫的发育可能会非常迅速，很快寄主头部的所有可食用物质就被吃光了。头壳会脱落，斩首蚁蝇幼虫在这个小

∨一只微小的斩首蚁蝇停在其寄主日本弓背蚁的腹
　部上。

壳里也就安全地完成了其余发育过程。在像哺乳动物这样的物种中，中枢神经系统中所有重要的部位都位于大脑，这样的命运无疑会导致死亡。然而，蚂蚁的神经系统会沿其体长存在多个神经。这些神经节可以控制行走和其他活动，只要有足够的食物储备，蚂蚁就可以坚持一段时间，直至倒下。其他情况下，头壳可能仍然附着在蚂蚁身上，但除了一个发育良好的斩首蚁蝇幼虫或蛹，它已经完全空了。

左上：一只雌性斩首蚁蝇在火蚁工蚁的上方盘旋。
右上：一只因斩首蚁蝇寄生而被斩首的蚂蚁。
左下：两个斩首蚁蝇的蛹（背面和腹面视图）紧挨着一个仍在其寄主头部内的蛹。注意蛹与蚂蚁寄主的体形和形状之间的关联，以及硬化和变暗的前部和呼吸角。
右下：成年斩首蚁蝇从蚂蚁头部内孵化出来。

虻蝇

最不同寻常的寄生蝇就是虻蝇。这是一个庞大的昆虫群体，有大约1万种已知物种，而且很可能还有更多尚未被发现的物种。就像寄生蜂一样，这些蝇几乎无处不在，我保证你也见过很多。它们寻找并在各种节肢动物体内发育，而毛虫、剑蝇幼虫、甲虫和蟪是最常见的受害者。大多数蝇产下的卵几乎立即孵化，而且雌蝇经常会将卵直接注入寄主体内。这种策略也为它带来了一系列挑战，尤其是寄主的免疫系统。是的，虽然昆虫体形很小，但它们拥有一套精密、天然的免疫系统，用以应对病原体、寄生虫和寄生蝇。一旦进入寄主的体腔，寄生蝇的卵就会受到免疫系统的摆布。特殊的血细胞能包围并包裹寄生蝇的卵，最终将其杀死。虻蝇能够通过某种方式扭曲寄主正常的伤口愈合过程和免疫反应，从而避开这些防御措施，最终形成一个漏斗。它们能够通过该漏斗呼吸，并食用寄主的内脏。

寻找寄主并寄生其中

对于寄生蝇来说，最大的挑战之一就是找到寄主。它们通过探测寄主、寄主粪便或其食物散发出的气味来达到这一目的。当受到草食昆虫的攻击时，许多植物会释放化学物质，而寄生蝇就是利用这些化学物质来定位寄主。实际上，这些信号就是植物的求救信号。寄主可能深藏在坚硬的木头中，因此寄生蝇拥有一种类似回声定位的能力。为了达到此目的，寄生蝇的触角会变得更粗或更硬。寄生

˅ 虻蝇是最多样化和丰富程度最高的昆虫之一，但它很容易被忽视。这个物种是甲虫幼虫的寄生蝇。

˅ 虻蝇的卵附着在西部松蟪身上。

蝇用触角敲击木头，然后用足部的特殊器官感知回声。通过使用这种技术，寄生蝇就能够极其精准地找到寄主。到达这些隐藏寄主又是另一回事，但是这些寄生蝇有合适的工具——一个产卵管（产卵器），它经过改造有了钻头，并用微量的金属离子（如锌、锰或铜）进行加固。寄生蝇将针刺入毫无戒备的寄主体内，注入一针使其瘫痪，然后在其身上或附近产下一枚卵。在某些情况下，雌性寄生蝇注入的毒液会对寄主产生怪异的影响。

与仅在一个瘫痪的寄主附近产卵不同，许多寄生蝇就直接将卵注入寄主体内，同样也是使用产卵器。某些情况下，这些恶毒的寄生蝇能够借助蛋白质、病毒样的颗粒，甚至病毒，来击溃寄主的免疫系统。没错，有些寄生蝇是会使用生物武器的。

∧ 其中甚至还有寄生蛾。这种白色幼虫正在以一只雌性蝉（琉球蝉）为食。

∨ 这只蜂是一种专门寄生在卵中的寄生蜂。雌性蜂将其卵产在鳞翅目昆虫的卵内。

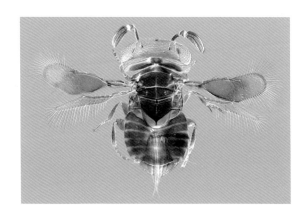

僵尸制造者

精密螯针

- 螯针是一种改良过的产卵器。
- 猎蜂螯针上的感官结构使其能够精准定位猎物体内的目标。
- 很少有独居蜂物种被详细研究过。

　　有些寄生蜂会用其毒液控制寄主的行为，蠊泥蜂就是其中一种。这只飞行的"宝石"会专门捕食蟑螂，利用强大的感官锁定一个毫无戒备的猎物，并进行两次螫刺。在螫刺的过程中，蠊泥蜂面对蟑螂，将其灵活的腹部弯曲过来以注射毒液。

　　第一次螫刺针对位于昆虫胸部的中枢神经系统中一个微小的节点。这个微型神经节控制蟑螂的前足，蜂的毒液会阻断前足活动，致使猎物瘫痪。这种瘫痪只是暂时的，持续时间在 2~5 分钟。这个时间足以支持蜂进行第二次螫刺，这一次则要求具有手术般的精确度。它用敏感的螫针，将一剂较小剂量的毒液注入蟑螂大脑的一个区域，这会影响蟑螂的逃跑反射等行为。当蟑螂最终从第一次螫刺导致的瘫痪中恢复过来时，它不会尝试逃到最近的遮蔽处，而是对自己梳理 30 分

∨ 蠊泥蜂的毒液改变了寄主的行为，使其变成了一
　顿温驯且自我清洁的大餐，供蜂的幼虫食用。

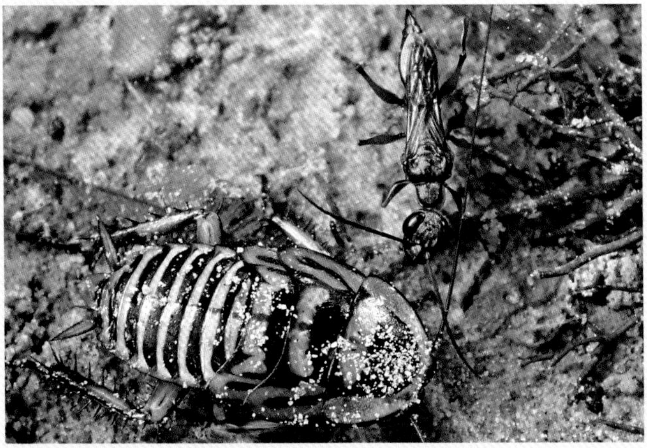

﹤ 蠊泥蜂会寻找蟑螂作为后代的食物。

钟左右，与此同时，蜂则会匆匆寻找合适的藏身之地。当蜂返回时，它会咬掉蟑螂的一根触角，并舔食从被割断的附属器官流出的血液。这不仅是一餐愉快的小吃，而且还可能让蜂检查其毒液的剂量。然后，这只蜂引导蟑螂来到它早先找到的藏身之地，就像牵着一只驯服的宠物一样，牵着蟑螂剩下的触角。在那里，蜂在被僵化的寄主身上产下一枚卵。

蟑螂，基本上处于无法行动但仍然活着的状态。它被小石子和其他碎屑困在藏身之地，不是为了防止它逃跑（因为它没有这个欲望），而是为了保护它免受捕食者的侵害。蜂幼虫孵化后，发现自己正坐在一堆自我清洁的食物上，于是开始大快朵颐。两天后，幼虫个头长得足够大，可以钻进寄主体内。四五天后，幼虫的贪婪进食就会让蟑螂最终死去。大约八天之后，蜂幼虫准备化蛹，它在蟑螂干瘪的体内结出一个丝质的茧。大约四周之后，成虫孵化出来，离开寄主已无生命的外壳。

﹀ 像蠊泥蜂幼虫这样的寄生昆虫非常适应寻找和制服其寄主。

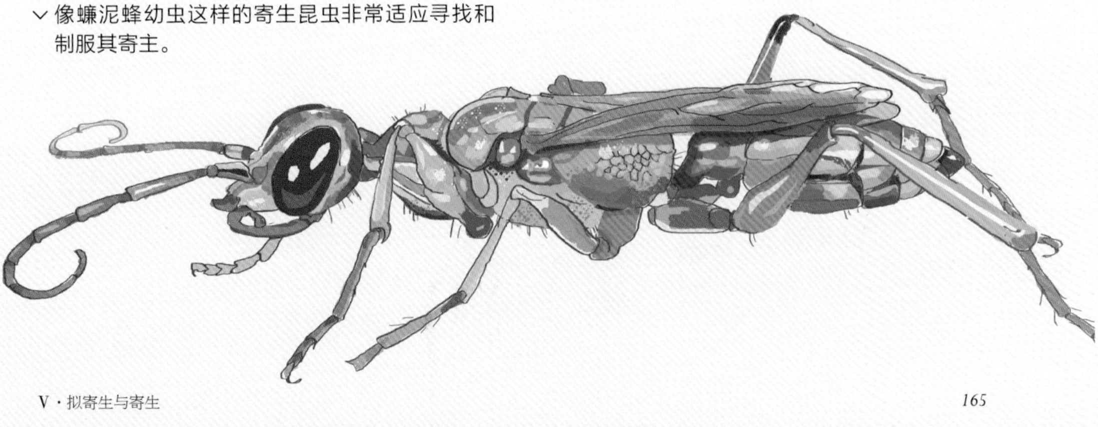

钩腹蜂

在种类繁多的寄生昆虫中，有些昆虫的生命周期令人困惑，但很少有昆虫在繁殖方式的奇特程度上能与钩腹蜂相提并论。

在大多数情况下，雌性寄生昆虫在寄主身上或体内产卵，但这对钩腹蜂来说，实在太过平凡和安全了。这些蜂界的特立独行者喜欢为自己制造更多的困难，因此雌蜂会在植物叶片上产卵。如果这就是故事的结局，那么这些蜂很可能早已灭绝了。不，把卵产在叶片上只不过是障眼法而已。产卵时，雌性钩腹蜂用它短小的产卵管和独特的腹部结构来支撑叶片。它在一片叶子上产下几枚卵后，或许会转移到附近另一株植物的叶子上。这一过程会一直持续，直到它被吃掉或是把所有的卵都产完。某些钩腹蜂物种可能会产下多达 1 万枚卵，这对寄生昆虫来说，是一个巨大的数字，这也凸显了这一策略的随意性。

费尽周折在叶片上产下数千枚卵的目的，就是为了让它的后代被毛毛虫或锯蝇幼虫吞食。如果这枚坚硬的卵足够幸运被吞食的话，它就会孵化。这一过程被认为是由咀嚼这一物理动作和（或）唾液分泌物触发的。对大多数寄生昆虫来说，进入一只肥硕的毛毛虫体内，将意味着任务完成，值得庆祝。但对微小的钩腹蜂幼虫来说，并非如此。这只小幼虫最终会进入毛毛虫的肠道，并毫不犹豫地挣脱出来，进入寄主的体腔。钩腹蜂在体腔中寻找真正的目标——已经寄生在寄主体内的其他寄生昆虫的幼虫。很多寄生昆虫，如其他蜂和蝇一般，都依赖毛毛虫和锯蝇幼虫，而钩腹蜂幼虫就是在寻找它们。如果幸运的话，钩腹蜂会找到猎物，攻击并吃掉它；但在大多数情况下，那些克服重重困难被毛毛虫吞食的钩腹蜂，最终在毛毛虫体内找不到合适的猎物，或者毛毛虫体内唯一的寄生昆虫对钩腹蜂

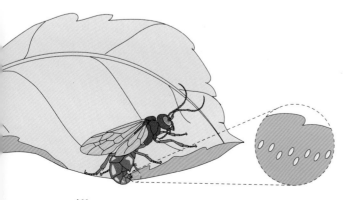

〈 雌性钩腹蜂会在叶片边缘产卵。如果足够幸运的话，这些卵就会被毛毛虫或锯蝇幼虫吃掉，而钩腹蜂幼虫便可能在它们体内找到寄主。

　　　　　　　　　　　　　　　　　　　　探虫记 | 昆虫行为解读

∧ 钩腹蜂是很少被遇到的。它们有着寄生蜂中最复杂的生活周期。这是在秘鲁发现的一种未确定物种。

来说太大，钩腹蜂无法应对。在这两种情况下，可怜的小钩腹蜂注定要失败。然而，有些钩腹蜂物种能够安静地待在毛毛虫体内，直到这只毛毛虫被小蜂科（寄生蜂）或者寄生蝇寄生。

这不是钩腹蜂唯一奇特的生命阶段。有些物种采用的策略同样在很大程度上依赖于巧合，但配角稍有不同。这些物种仍然依赖毛毛虫或锯蝇幼虫，但这次毛毛虫必须被一只蜂捕获、宰杀，并喂给蜂巢中的幼虫。在死去的毛毛虫肉里有钩腹蜂的卵，卵一旦被吞下，它们就会孵化，并以不幸的蜂幼虫为食。

在蜂的世界里，钩腹蜂是个难解之谜。目前已知只有约 100 种的物种，成虫寿命很短，而且它们的生活方式不稳定，因此钩腹蜂这一物种相当罕见（我只见过一次活的），所以我们对它们了解得并不多。钩腹蜂的地理分布、外貌形态和生活方式，表明它们是非常古老的物种。它们可能是剑蝇和其他膜翅目之间某种缺失的环节。事实上，最古老的钩腹蜂化石来自一块 1 亿年前的白垩纪琥珀，这表明这种不稳定的生活方式，已然持续了相当长的时间。

多重寄生蜂

克隆大军的袭击

· 某些微小蜂的单个卵可以发育成数千个相同的胚胎。
· 这些蜂的士兵幼虫不会发育成新的成虫。
· 已知这种繁殖方式在四个蜂科（平背蜂科、小蜂科、拟蚁蜂科和小蜂科）中存在。

这些微小的寄生昆虫如何接管它们的寄主，这一过程极不平常。其中许多物种都是某些蛾类的克星，当雌蜂找到合适的寄主卵时，它就会在里面产下一枚卵。在最极端的情况下，这枚卵不仅仅会孵化成一个单一的幼虫，还会经历一个惊人的过程，使得这枚卵变成不同类型的幼虫，最终孵化成数千只新的蜂。

在已研究的物种中，这一过程开始于寄主的卵内，并随着寄主幼虫的发育而持续。最终，寄主在结茧之后就会死去。许多其他寄生昆虫（例如小蜂科和平背蜂科）在寄主的卵内完成整个发育过程，并且也以这种方式发育——一枚卵会产生许多胚胎（多胚现象）。

单枚蜂卵会反复分裂，形成一团未分化的细胞，称为多生胚，悬浮在正在发育的寄主胚胎中。最终，这些多生胚会分裂成独立的细胞团，每个细胞团都会发育成一只蜂幼虫。其中大部分蜂幼虫是"正常"的，它们会继续破坏寄主组织，化蛹并从食物残余中逃脱，变成新的蜂。其中一小部分——约占已研究物种的10%——是特殊的，发育速度比正常的克隆体更快，发育方式也有所不同。这些特殊的幼虫解剖结构简单，但装备有极其厉害的颚。它们是士兵，会在寄主体内游荡，清除那些在同一个寄主卵内产卵的其他寄生昆虫的卵和幼虫，甚至包括它们自己物种的其他克隆体。关键是，这些士兵幼虫不会化蛹，也永远不会发育成新的蜂。它们完全是消耗品，它们中的大多数在食用寄主组织时，都会死去。

多生胚细胞团的命运取决于其是否有生殖细胞（卵巢或睾丸的初始形态）。有生殖细胞的细胞团就会发育成正常的幼虫，并最终变成蜂。而没有生殖细胞的细胞团，则会发育成必死的士兵，其唯一任务是清除栖息地内的竞争者。不过，请记住：所有这些幼虫都是克隆体，所以并不是说某个个体为了一个基因不同的个体而牺牲自己。在某些情况下，这种多胚发育能够使单个卵产生多达 3 000 只蜂幼虫。这些寄生昆虫体形很小，产卵数量有限，因此这种策略会让它们克服这一局限。这也让这些物种能够根据可用资源调整产卵数量。

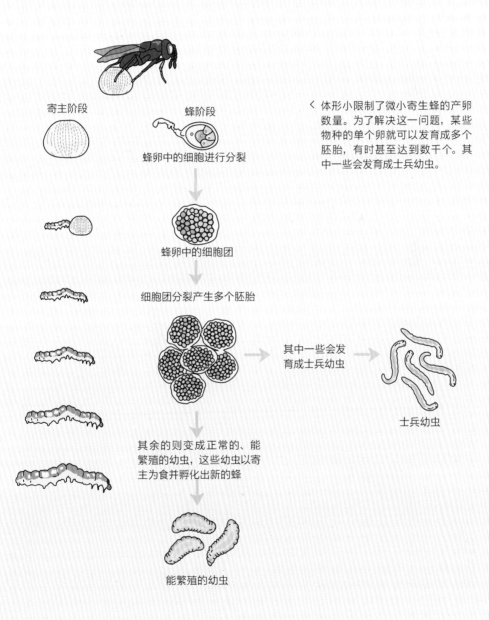

寄主阶段

蜂阶段

蜂卵中的细胞进行分裂

蜂卵中的细胞团

细胞团分裂产生多个胚胎

其中一些会发育成士兵幼虫

士兵幼虫

其余的则变成正常的、能繁殖的幼虫，这些幼虫以寄主为食并孵化出新的蜂

能繁殖的幼虫

〈 体形小限制了微小寄生蜂的产卵数量。为了解决这一问题，某些物种的单个卵就可以发育成多个胚胎，有时甚至达到数千个。其中一些会发育成士兵幼虫。

寄生虫

与寄生昆虫相比，真正具有寄生性的昆虫其实并不多。总体来说，出于这些动物对我们、我们的宠物和家畜的所作所为，我们对它们并没有太多好感。它们是叮人的苍蝇、咬人的虱子、吸血的虱子、吸血的猎蝽，引发瘙痒的臭虫、跳蚤，寄生在海狸身上的甲虫，以及以眼泪甚至血液为食的蛾类。

与寄生昆虫不同的是，寄生虫通常寄生在寄主身上并以寄主为食，但不会导致寄主死亡。当然，例外也是有的。寄生现象在许多昆虫群体中都有演化，但在诱发瘙痒的生物种类中最为繁多的是苍蝇和真蝽。其中许多昆虫，如蚊子，因为我们想消灭它们，而成了我们研究最多的昆虫。

事实上，苍蝇是寄生昆虫中的佼佼者。它们中的很多已经演化成为专门的吸血食客，还有一些以寄主的内脏组织为食。就拿蚊子来说，它们会向大型动物传播大量疾病，但我不想在这里详细讨论，因为这些话题已有大量书籍涉及。

∨ 一些咬人的蝽几乎变得像蜱虫一样。它们落在寄主身上——图中是竹节虫——吸其血，直到它们的体躯变得极度膨胀。最终，它们会掉下来产卵。

　　　　　　　　　　　　　　　　　　　　　探虫记 | 昆虫行为解读

　　从纯生物学的角度看，这些寄生虫是一群令人着迷的动物。蚊子能在很远的地方探测到寄主，并精准地在寄主皮肤上找到毛细血管，注射物质以消除疼痛并扩张血管，然后享用营养丰富的食物。同样的事情对于牛虻和鹿虻这样的昆虫就不适用了，它们只是用锋利的口器划破皮肤。如果你曾被这些动物咬过，你就会知道那有多痛。在这些吸血昆虫中，从最近才转向这种生活方式的蛾类，到像蚊子这样的老手，我们都可以看到演化所起的作用。

　　在这些吸血昆虫中，通常只有雌性会吸血，因为它需要蛋白质来使卵成熟。雄性通常以花蜜为食，这要安全得多。这一点非常重要。从一个比自己大得多的动物身上偷取血液，危险系数极高。吸血动物可能在着陆之前就被拍死，或者在吸血过程中被压扁，这就是为什么这类昆虫多数体形都很小或不引人注目，而且还是夜行性的；同时，它们还能够尽可能在寄主无痛察觉下获取所需的食物。这种食物来源可能富含蛋白质，但缺少很多其他营养物质，所以这些吸血动物的肠道中充满了微生物，它们可以合成这些缺失的营养物质，并将营养物质传递给昆虫，以换取食物和栖息地。这种食物来源的另一个问题是，它大部分是水，将吸管状的口器插入血管就像从消火栓里取水喝一般。这些动物必须迅速排出多余的水分，否则体内的内环境会被严重破坏，或者像充得过满的水球一样胀破。它们拥有非常高效的器官来执行这项工作——这个器官相当于昆虫的肾脏。吸取树液的昆虫也面临同样的问题，这就是为什么它们会分泌大量蜜露。

一些苍蝇，如虱蝇、蝙蝠蝇和跳蚤，几乎一生都在寄主的毛发中穿行，随心所欲地吸血，并尽力避开愤怒的寄主不断地抓挠和梳理。在这种情况下，翅膀就会成为障碍，所以跳蚤和一些奇特的苍蝇种类，翅膀和巨大的爪子都退化了，或者根本不存在，以便紧紧抓住寄主。跳蚤已经成为出色的跳跃者，它们利用肌肉和弹性蛋白将自己弹射到新的寄主身上。

一些寄生昆虫在寄主体内取食，至少在我们看来，它们可能就是最令人毛骨悚然的昆虫了。狂蝇在哺乳动物和鸟类的皮肤下取食。许多去过中美洲和南美洲的人们都会给你讲他们遭遇的经历。牛虻以类似的方式寄生在牛、鹿体内，有时也会寄生在不幸的人的体内，

∧ 鹿虻（如亚马逊地区的鹿虻）和牛虻，都是专门吸血的昆虫，尽管它们只是简单地切开皮肤吸血。

∨ 昆虫也会遭受寄生虫的困扰，其中许多还能以惊人的方式改变其寄主的行为。这种亚马逊蚱蜢身上破裂出来的真菌是蝗虫白僵菌。

　　　　　　　　　　　探虫记 | 昆虫行为解读

但它们不会在固定位置取食，而是会在寄主体内开启奇妙的旅行，它将寄主体内的组织作为隧道穿越，从前端穿到后端，然后回到腰部，在那里完成发育过程。

而胃狂蝇就更为奇特了。雌性马狂蝇在马腿上产卵，这样寄主在舔舐腿部时就能将这些卵带入体内。幼虫从这里开始孵化，钻入舌头并进入胃部。其间，它们用有力的口钩紧紧抓住胃壁，刮擦表面以吸食血液。幼虫成熟以后就会松开口钩，然后随寄主的粪便排出体外。刚果狂蝇是个奇怪的家伙，因为它是已知的唯一可以从人类身上吸血的蝇。这些蝇隐藏在土壤中，夜间出来吸食熟睡者的血液。

一些寄生蝇的幼虫，如螺旋蝇的幼虫无法穿透寄主的皮肤。它们通过伤口进入寄主体内，即使是像昆虫叮咬那样微小的伤口。这些幼虫通常有很多，以寄主的肉为食，极具破坏性。

对我而言，最出色的寄生昆虫要数捻翅目昆虫了。这些生物从各个方面来说都是真正怪异的生物，它们寄生在一系列昆虫上，包括蜜蜂、黄蜂、叶蝉、蚱蜢、蟋蟀、蟑螂和衣鱼等。关于寄生现象的最后一个观点是，昆虫自己身上也有很多寄生虫。例如，线形虫动物门是一个小型动物群，每一个成员都是寄生虫。此外，还有大量的寄生线虫、螨虫、吸虫，以及一些令人不安的真菌。其中许多寄生虫都是夺命魔，驱使寄主走向奇怪的结局，以便自己完成生命周期。

∨ 铁线虫是所有节肢动物的体内寄生虫。它们会控
  制寄主的行为，让寄主寻找它们可以繁殖的水域。

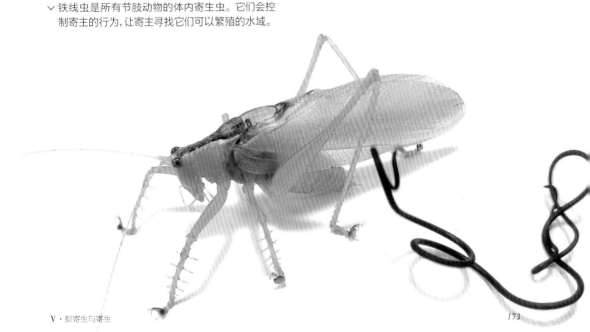

捻翅虫

　　成年的雄性捻翅虫和雌性捻翅虫在外观上极为不同，但它们都从一个微小而活跃的幼虫形态开始发育，并在母体的体腔中自由移动。到了应该离开的时候，它们就会通过生殖孔离开体腔，然后沿着狭窄的产卵管来到外部世界。雌性捻翅虫会产下大量的幼虫，以至于幼虫被释放的植被上变得热闹非凡，蠕动和跳跃的幼虫都会急切地寻找寄主。在那些寄生于蜜蜂和黄蜂的物种中，推挤的幼虫就会向花朵前进，而寄主则可能为了采集花蜜和花粉，造访这些花朵。当一只对于蜜蜂或黄蜂来说体形、形状和颜色都合适的昆虫进入幼虫的活动范围时，幼虫用其后端又长又硬的成对刚毛将自己弹射到空中，以期能撞到那只嗡嗡叫的昆虫，然后紧紧抓住昆虫。蜜蜂或黄蜂对新乘客的存在并不介意，它返回巢穴，用收集的食物喂养自己的幼虫。一旦进入寄主的巢穴，捻翅目幼虫就会从它搭的顺风车上下来，寻找一个丰满的寄主。这个小寄生虫沿着寄主的身体爬行，直到找到一个可以钻进去的地方。寄生虫的幼虫利用酶溶解寄主的表皮，并钻入寄主的体内，边钻边猛烈地扭动。这种疯狂的扭动会使寄主皮肤的各层分离，形成一个寄生虫可以滑进去的囊袋。在寄主体内安顿下来之后，捻翅虫幼虫经历第一次变态，变成蛴螬形幼虫。

雄性捻翅虫的寿命非常短，某些物种只有两小时生命。它们用复杂的触角来探测成年雌性释放的信息素。

　　它所需的全部营养，都是从寄主体液中获取的。小小的皮褶能够确保生长中的寄生虫免受寄主免疫系统的恐怖袭击。捻翅虫幼虫通过吸食寄主的体液不断成长，最终将占据寄主腹部的大部分空间。

　　这种形式的寄生，对成年寄主的影响是十分严重的。由于寄生虫占据了相应的空间，成年寄主的性器官则没有足够的空间发育成熟。可能寄主已经发育到了成年的状态，但它的身体遭受极大的损害，从而导致不育；有时，它腹部坚硬的甲壳之间还会伸出一个或多个捻翅虫蛹的头部。

受害寄主开始其正常的成年生活后不久，寄生虫蛹的顶端就会打开，成年的雄性捻翅虫就会跳出来。它的口器很小且无用，而且它在幼虫时期储备的能量很快就会耗尽，所以它必须尽快找到一个配偶。雄性捻翅虫的配偶与它完全不同。雌性捻翅虫以同样的方式找到自己的寄主，但它看起来仍然像幼虫一般，并且仍然位于寄主昆虫体内，其头部从寄主的腹部伸出。雄虫被雌虫的香味吸引，与其头部交配，而产卵管的入口就位于头部后方。雄虫的精子对雌虫的卵进行授精，不久之后，新一代幼虫就将做好开始它们复杂生命周期的准备。

多样性与寄主

· 已知捻翅目昆虫有 600 个种类。

· 已知捻翅目昆虫可以寄生在蜜蜂、黄蜂、苍蝇、叶蝉、蟑螂和衣鱼体内。

· 雄性捻翅虫寿命很短，几乎没有时间寻找雌虫进行交配。

> 雌性捻翅目昆虫的头部从独居蜜蜂的腹部伸出来。雌性寄生虫从不离开寄主。

∨ 左图：雌性捻翅目昆虫位于其独居蜜蜂寄主的腹部（被解剖后）。寄生虫占据了寄主腹部大量的空间。
右图：少数物种的成年雌性是自由生活的，且极难找到。它们还是幼虫时，就寄生在衣鱼体内。这一寄生虫占据了寄主腹部大量的空间。

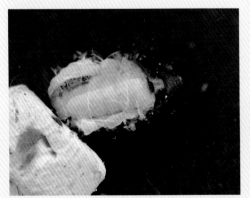

笨拙的吸血鬼

蛾类毛茸茸的，可爱极了，但蛾类也不能避免寄生现象。比如，灰融蛾会吸食草食哺乳动物的眼泪。灰融蛾用长喙扫过草食哺乳动物的眼睛，让它流出更多的眼泪。有些蛾类甚至成了吸血鬼。这些吸血蛾类特别有趣，因为它们展现了演化的过程，这是演化轨迹的前沿，从吸食花蜜开始，到穿透果实，最终刺穿哺乳动物的身体。蛾类通常用长喙吸食花蜜。厚翅蛾属物种及其近亲会食用各种东西，包括水果和大型动物的眼泪。为了穿透水果的果皮，这些蛾类演化出了更坚固、更锋利的长喙。在已得到描述的 17 种厚翅蛾属物种中，有 10 种雄性在自然和实验条件下被观察到，它们会刺穿哺乳动物的皮肤并吸食其血液。与其他吸血动物不同，这些蛾类吸食血液，不是为了获取其中的蛋白质，而是为了获取盐分。通常，雄性蛾和雄性蝴蝶会比雌性更频繁地寻找盐分来源，甚至有证据表明，在交配时，雄性会将盐分转移到雌性身上。

穿透水果果皮的能力是它们预先适应的结果。这种能力使它们能够探索除水果以外的其他营养来源，例如哺乳动物的血液等。但是，它们都是些笨拙的吸血鬼——吸血似乎是近期才演化出的习性，而且它们在这方面还并不擅长。这些蛾类的体形、飞行方式和颜色都会让它们的寄主感到惊恐。它们甚至让大象都感到恐惧。由于体形太大，这些吸血蛾无法穿梭于浓密的皮毛间，而它们既大且长的喙造成的穿刺，对于小型和中型动物来说又极为痛苦。因此它们只能从大型、毛发稀疏的哺乳动物，如貘和犀牛等的身上吸血。

∧ 灰融蛾用其长喙扫过寄主的眼睛，刺激其眼球，使其流泪。它们甚至可以将长喙插进寄主的眼睑之间，在寄主睡觉时进食。鹿蛾属有较短的长喙，所以它们必须紧贴眼球才能吸取水分。不过，它们必须极为小心。一旦流泪的寄主眨眼，蛾类很可能就会被压死。

> 一些蛾类会吸食脊椎动物的血液。最初，它们用锋利的长喙穿透水果的果皮，吸食水果的汁液。吸食血液的行为似乎是它们近期才演化出的习性。

VI

恩情相报

除了拟寄生生物和寄生生物，昆虫与其他大量生物还有着无数更为微妙的关系。其中，授粉可能是最重要的关系。为了获取花蜜和部分花粉，昆虫会传播植物的花粉。在这些关系中，许多都涉及微生物，如被寄生蜂用作生物武器的病毒，以及昆虫肠道中帮助其充分利用食物的无数的微生物。

∨ 蜜蜂和许多其他传粉昆虫身上的绒毛使它们能够携带更多的花粉。

昆虫与真菌

许多昆虫和真菌完全相互依赖，以至于昆虫身上通常会演化出小小的囊袋，用来将真菌带到新的家园。

有些甲虫就像农夫——这是动物界中非常罕见的特性。它们在木头中挖掘并维护隧道和走廊，目的就是培养真菌，因为真菌就是它们的食物。至少在小蠹中，与真菌的紧密关系促使它们形成了一种复杂的、真社会性的生活方式。

交配后，雌性小蠹会钻进桉树的心材挖出一条隧道，这是一个费力的过程，可能需要 7 个月。进入心材后，它就会产卵，其幼虫则需要 2~4 年才能发育成熟。雌性子代并没有离家出走，而是留在巢穴中，实际上成为工人，放弃繁殖，帮助扩展和维护通道和其中的真菌作物。这些工人甚至会牺牲它们一部分的足，所以它们在巢穴外是无法生存的。这种真社会性甲虫的巢穴并不大，每个巢穴里平均住着 1 只女王、5 只士兵和 36 只幼虫。在另一种小蠹中，幼虫是工人，负责清理和扩大巢穴；成年雌虫则负责保护巢穴，并照料真菌作物。

❭ 许多以木头为食的昆虫，依靠它们肠道中大量的微生物来产生消化木头所需的酶。

^ 小蠹挖掘的"廊道"，使它们能够
在完全受控的环境中培育真菌。

< 昆虫及其真菌伙伴在森林生态系
统中至关重要——它们通过伤害
并杀死树木来为树冠腾出空间，
并将枯死的树木送回土壤。

　　在船木甲虫（筒蠹虫科）中，只有幼虫负责培育真菌。雌虫用产卵管将卵产在木头的断裂处和缝隙中。每产一枚卵，它就会从产卵器附近的小囊袋中取出真菌孢子，包裹在卵上。幼虫在啃食木头时，会携带一部分真菌孢子。幼虫挖掘的隧道内会覆盖一层白色真菌，这就是它的食物。幼虫非常小心地照料它的真菌园，尽其所能地保持适合真菌生长的环境。这样，它就有足够的食物完成发育。因为真菌生长需要氧气，所以幼虫必须清除隧道中的碎屑，以保持空气流通。幼虫在隧道的狭窄空间里来回移动，将所有木屑和废物推到隧道外，然后这些就会落到树根处。

　　许多其他昆虫，如切叶蚁，也大大受益于真菌。蚂蚁建造的地下都市，实际上就是真菌农场。蚂蚁会喂养真菌，并为真菌提供稳定、无竞争的环境。作为回报，蚂蚁会食用真菌的特殊部分——球孢。

^ 筒蠹虫与酵母存在共生关系。筒蠹虫的幼虫在死
  木中挖掘隧道，并在隧道中培养酵母作为食物。

昆虫与螨虫

昆虫与螨虫之间有着耐人寻味的相互作用，但总体而言，我们对这些相互作用的具体情况了解得很少。在少数几种被详细研究过的关系中，人们已获得了一些见解。例如，有些雄性独居蜂似乎将螨虫作为贞操带，有些甲虫则穿着由螨虫制成的绝缘外套。

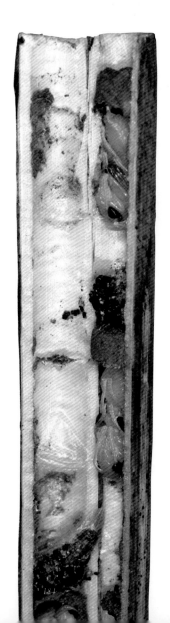

某些雄性独居蜂的身上有螨虫，这些螨虫紧紧地附着在它们的腹部，并在交配过程中爬到雌蜂身上，直接前往它的生殖孔，并将其堵上。这可以防止雌蜂再次交配，从而确保雄蜂对雌蜂的独占权。这是极不寻常的，但这也只是冰山一角，因为螨虫必须寄生在下一代蜂身上，所以螨虫在雌蜂筑巢时会一直留在雌蜂身上。这个巢穴通常位于中空的植物茎内，被泥土分隔成多个巢室，每个巢室都有小型的、被麻痹的毛毛虫——这是蜂的后代的食物——以及一枚蜂卵。

在筑巢的过程中，这些螨虫（此时尚未成熟）会离开雌蜂，并以可怜的、被麻痹的毛毛虫的血淋巴为食。蜂的幼虫一旦孵化出来，就会迅速消耗掉所有的储备食物，快速生长并进入蛹期。

〈 无论是独居还是群居物种，昆虫的巢穴都是种类繁多的螨虫家园。总体而言，我们对螨虫与其寄主的相互作用了解甚少。在某些泥蜂中，有证据表明它们之间存在一些迷人的相互作用。

在这里，故事又出现了一个惊人的转折。因为巢穴中每个巢室里的螨虫命运都取决于蜂幼虫是雄性还是雌性。一旦雌蜂幼虫吃完了被麻痹的毛毛虫，它就会在化蛹之前，寻找并吃掉巢室中的每一只螨虫。与此相反的是，雄蜂幼虫不会触碰巢室中的螨虫，而是直接化蛹。现在，成年螨虫转而对雄蜂蛹产生兴趣，并吸食其血淋巴。这些经过性传播的螨虫现在完成交配，并有了自己的后代，这些后代同样以雄蜂蛹为食。

当成年蜂最终出现时，隐藏在雄蜂巢室中的新一批尚未成熟的螨虫就会爬上它们的新寄主，继续这一不同寻常的生命周期。当雌蜂离开巢穴时，它们可能偶尔会从空的雄蜂巢室中带走几只螨虫。但总体上，它们身上是没有螨虫的。

∧ 这种来自台湾的未知种类的泥蜂与螨虫有着密切的关系，我们对其确切性质尚不清楚。上图所示的就是该物种的腹部。

∨ 在某些黄蜂中，螨虫会在其交配过程中从雄蜂传给雌蜂。这些黄蜂腹部甚至还有一个特殊的凹槽 —— 螨囊，螨虫会聚集在那里。这些螨虫附着在来自台湾的未知种类的雌性泥蜂腹部。

∧ 许多昆虫经常被螨虫侵扰。至少在葬甲中，螨虫似乎像绝缘夹克一样工作，帮助它们在没有螨虫或仅有少量螨虫的竞争对手面前，变得活跃并能够飞翔。

　　自从 30 多年前首次调查这种不同寻常的共生关系以来，没有人真正深入研究过它，因此仍有许多问题有待探索。从表面上看，雄性在传播螨虫时，似乎会降低了蜂的后代的适应性。但我们必须记住黄蜂令人难以置信的单倍二倍性别决定机制。在这些动物中，受精卵发育成雌性，而未受精的卵则发育成雄性。因此，只有雌性后代才会拥有父亲的基因。相比之下，雄性后代的所有基因则全部来自其母亲。

　　螨虫从这种关系中获得了很多好处。它们得到了传播，获得了食物（毛毛虫和雄性黄蜂蛹的血淋巴），以及一个安全的发育地点（黄蜂巢穴）。那么，黄蜂得到了什么呢？螨虫充当了雄性黄蜂交配后的贞操带，保证了其父权，但这只是我们已知的全部信息。雄性黄蜂必须在体能方面付出代价，因为螨虫以它们的血淋巴为食。也许身负大量螨虫的雄性黄蜂对雌性黄蜂更具吸引力；或者，也许螨虫以巢穴内寄生虫的卵和幼虫为食；抑或是，也许雌性黄蜂幼虫从吃掉巢穴内的所有螨虫中获得了某种好处。如果你只是一位刚起步的生物学家的话，就仍然有很多问题有待了解——这将是一个值得探索的迷人世界。

昆虫与微生物

微小的单细胞生物无处不在，昆虫与它们形成了某种非常特别的关系，是不足为奇的。有被用作生物武器的病毒，有被用作抗生素的细菌，还有大量帮助昆虫消化食物的微生物。

生物战争

有些寄生蜂与病毒发展出了一种迷人的共生关系，这种关系可以追溯到大约1亿年前。病毒的 DNA 实际上存在于黄蜂体内，分布在其基因组中，并且它只在雌性黄蜂卵巢内的一个特定部位（称为萼）进行复制。这些病毒随黄蜂的卵注入，就像微观的保镖一样，干扰并使寄主的免疫系统瘫痪，寄主的免疫系统本可以将卵包裹并杀死。但在病毒的干扰下，寄主（往往是一只毛毛虫）的免疫防线最终并未起到作用。接着卵孵化，寄生蜂幼虫开始以寄主软而多汁的内脏为食。

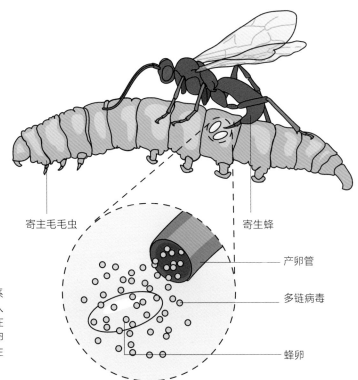

寄主毛毛虫　　　　　　　　　　　　　寄生蜂

产卵管

多链病毒

蜂卵

> 病毒与某些寄生蜂之间的关系十分紧密。病毒的 DNA 嵌入黄蜂的基因组中。病毒颗粒在黄蜂体内组装，并与黄蜂的卵一起注入寄主体内，以对寄主的免疫系统造成干扰。

除了击败寄主的免疫系统，病毒还会调整寄主的新陈代谢和发育，为黄蜂幼虫的生长和存活创造合适的条件。在已被详细研究过的物种中，寄主会继续正常生活，但当它第四次或第五次蜕皮时，就会过早地化蛹并死亡。此时，黄蜂幼虫已经成熟且准备化蛹。

细菌与抗生素

蜂狼也与微生物，特别是细菌，建立了不同寻常的联盟关系。这种独居黄蜂会在地下筑巢，并在巢穴内放置麻痹不能动弹的蜜蜂。但是在蜂狼封闭育雏室之前，它会留下一份告别礼物。它通过触角上的小孔将一些白色物质涂在育雏室的内壁。这种分泌物实际上是由与蜂狼共生的细菌细胞组成的大量菌群。这些细菌只生活在蜂狼体内，别无他处。

> 上图：越冬昆虫面临真菌和细菌病原体的威胁，这促使其演化出了奇妙的防御措施（如大头泥蜂从蛹茧中羽化出来）。

下图：雌性蜂狼从其触角的特殊腔室中分泌出白色的链霉菌。这些细菌能够抑制病原体生长，这些病原体有可能对黄蜂幼虫的发育造成破坏。

共生细菌有两个功能。首先，这一团白色细菌在一片漆黑的育雏室中，起到了出口标志的作用，指引着幼虫化蛹的位置。这样，它的头部就会朝向主隧道，并在次年夏天为成虫羽化做准备。在正确的位置，幼虫能够顺利地吐丝结茧，并在这一过程中纳入一些共生细菌。这是细菌的第二个功能，它们通过产生能杀灭有害细菌与真菌的化合物，将茧变成一个抗菌堡垒，否则这些细菌和真菌可能会在潮湿、寒冷的季节侵袭处于休眠状态的幼虫。

探虫记 | 昆虫行为解读

消化伙伴

微生物实际上是所有动物消化道中的固定组成部分。这些肠道微生物统称为"微生物群"，不仅包括细菌，还包括真菌、原生生物、古细菌和病毒。这是生物学中一个令人兴奋的研究领域，因为这些肠道微生物似乎在很多方面对寄主动物都很重要。在昆虫中，如同其他动物一样，肠道微生物群已被证明对寄主的消化、解毒、发育、抗病原体和整体生理功能都有积极作用。在每一个依赖有限饮食而成功存活的昆虫体内，都有一支能够从食物中获取营养的肠道微生物大军。

我们研究得最为透彻的昆虫微生物群存在于白蚁消化道中。请不要忘记这些备受非议的白蚁，因为它们是真正了不起的生物。事实上，白蚁是社会性蜚蠊，几乎没有哪一种昆虫的生态重要性能与白蚁相提并论。它们成功的关键，在于能快速处理最精致的美味——木材的能力。木材至少在近期都不太可能出现在我们人类的任何餐厅的菜单上，但如果你能分解其组成分子，它就蕴含大量的能量。白蚁消化道里的微生物就能很好地做到这一点，使这些动物在降解木材的能力方面与真菌处于同一水平。这听起来可能没什么大不了，但绝不可小觑。在陆地上，这是一个关键的生态过程，因为它回收了锁在木质组织中的营养和能量。

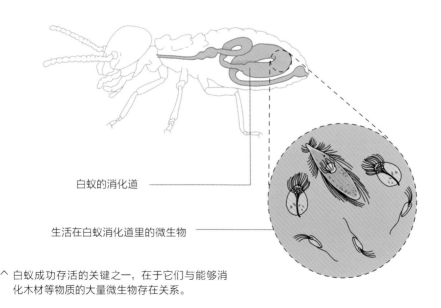

白蚁的消化道

生活在白蚁消化道里的微生物

∧ 白蚁成功存活的关键之一，在于它们与能够消化木材等物质的大量微生物存在关系。

昆虫与植物

为了找到昆虫与其他生物之间最惊人的互动关系，我们就必须观察昆虫与植物之间，以及有时还涉及第三方的相互作用。

猎蝽与捕蝇幌

猎蝽与一种生活在贫瘠土壤上的食虫植物（捕蝇幌属）建立了不同寻常的联盟。其他无法从土壤中获取足够养分的植物已经进化成食肉植物，能够捕捉并消化昆虫。你就想想众所周知的捕蝇草或猪笼草吧！捕蝇幌能够用黏性绒毛捕捉昆虫，但它们不产生消化昆虫所需的酶。因此，它们与猎蝽就形成了奇特的联盟，猎蝽以被植物的黏性绒毛困住的昆虫为食，并在植物上排泄，这样植物能够吸收通过其他方式难以获得的养分。

> ﹀猎蝽以被植物的黏性绒毛困住的昆虫为食。当猎蝽排泄时，植物就会吸收其粪便中的营养。

蚂蚁与植物

蚂蚁与植物之间有着迷人且复杂的关系。至少有 100 种蚂蚁与植物有着紧密的共生关系。这种关系说明昆虫与开花植物在数百万年间已经变得密不可分。作为对蚂蚁提供服务的回报，植物就为它们提供住所。这些关系的多样性涵盖了植物身上所有可以想象的部分。有些植物的枝干上会长出膨大的部分，有些植物的茎和树干内部存有腔室。还有一些植物的根经过改造，可以容纳昆虫。

在南美洲，少数几种树木（结节点木、圭亚那桃松、粗毛度莱木等）在雨林的小片区域内占据着主导地位，形成了当地人称为"恶魔花园"的地块。这些树的中空茎和叶子内部有特殊的腔室，柠檬蚁（舒曼氏细蚁）就在其中筑巢。任何在寄主树附近发芽的其他植物幼苗，都会遭到蚂蚁的攻击，并被蚁酸刺伤。蚁酸会杀死这些幼苗，从而使寄主树摆脱其竞争对手的侵扰。任何试图啃食这些树叶的动物也会受到同样的对待。

〉 白屈菜种子是由蚂蚁传播的。附着在种子上的小蜡质物是蚂蚁们非常爱吃的脂体。

∧ 植物"结节点木"上膨大的部
　分是蚂蚁的居所。蚂蚁会攻击
　并摧毁与之竞争的植物物种。

∨ 蚁房属植物的球状基部就是蚂
　蚁的居所。这种植物没有根，
　它们从蚂蚁的粪便中吸收养分。

< 蚂蚁（舒曼氏细蚁）在粗毛度
　莱木树的枝上筑巢。

　　蚁房属是一种奇特的附生植物，它
与蚂蚁之间也有着非同寻常的共生关
系。这些植物紧紧攀附在树干和树枝
上，根部不与土壤接触，而是依靠奇特
的球状块茎为蚂蚁提供居所。剖开这些
块茎，你就会看到一套由隧道和腔室组
成的复杂系统。其中一些腔室是蚁穴
的垃圾场，里面的废物被植物当作肥料，
即使根部永远不与土壤接触，植物也能
茁壮成长。

牛角金合欢

牛角金合欢与蚂蚁也有着十分特别的关系，这种关系始于一只年轻的、刚交配过的蚁后在金合欢上寻找筑巢的地方。蚁后被树的气味所吸引，确信自己找对了合适的地方，便开始在其中一个球状、中空的刺尖上啃一个洞，最终穿洞进入内部的腔室。蚁后在腔室内产下第一批的15~20枚卵。随着时间的推移，蚁群胚胎不断壮大，并扩展到更多的空心刺上。

当蚁群规模超过约400个个体时，作为对金合欢为它们提供住所的回报，蚂蚁开始承担保护植物的角色。蚂蚁变得具有攻击性，攻击任何啃食金合欢叶子的生物，无论是蟋蟀还是山羊。蚂蚁非常容易被激怒，只要闻到不熟悉的气味，它们就会从"刺"中倾巢而出，朝潜在的威胁发起攻击。草食昆虫会被杀死或被赶走，而觅食的哺乳动物的口腔周围会被刺伤，这很快就会使它们去寻找防御等级较低的饲料。

除了这些主动防御的任务，蚂蚁还有很多园艺工作要做，所以它们有时会离开树木，在树根周围寻找可能与金合欢争夺光、养分和水的幼苗。它们如果找到了这些幼苗，就会将其摧毁。另外，蚂蚁甚至还会修剪附近树木的叶子，这样它们的寄主就不会被太多阴影遮盖。这些生活在金合欢上的蚂蚁，其身上的细菌也可能保护树木，使其免受有害细菌的侵害。

﹀贝氏体是某些金合欢属树种产生的小蛋白质和脂
肪包，这是它们对蚂蚁同伴的"奖励"。

树木不仅为蚂蚁提供了筑巢的地方，而且树叶基部的特殊腺体还会分泌富含糖和氨基酸的花蜜，以供蚂蚁舔食。树叶尖端还会长出贝氏体。贝氏体是由油脂与蛋白质组成的小营养包，蚂蚁会将它们剪下并带走，用来喂给它们的幼虫。这些幼虫的头部还有一个小囊袋，可以将贝氏体放入其中，以便慢慢享用。

∧ 牛角金合欢树上的刺、叶和贝氏体。这些树与它们共生的蚂蚁之间的关系，是目前研究得最多的植物昆虫共生关系之一。

猪笼草

婆罗洲的热带雨林生长着一种猪笼草，它与蚂蚁建立了多方面的关系。蚂蚁生活在空心藤蔓基部，它们从那里定期进入植物的捕虫囊中，拖出在液体中挣扎的大型昆虫，甚至游过去获取最美味的食物碎块。蚂蚁会把淹得半死的昆虫拖到猪笼草边缘下方，再将其吞食。猎物的碎片和蚂蚁的粪便还会掉回到捕虫囊中，并被猪笼草消化殆尽。在这里，是谁得到了什么呢？蚂蚁轻松得到了美味的食物、来自植物蜜腺的甜美回报以及居住的地方，但看起来猪笼草就像被抢劫了一样。事实证明：捕虫囊里的大型猎物可能会在被消化之前就腐烂，从而对猪笼草造成生命威胁。因此从本质上讲，蚂蚁有点像植物的消化系统，能够将猎物分解成植物可以处理的碎块。蚂蚁还负责捕虫囊边缘部位的清洁工作，使其保持光滑，让其他昆虫更容易掉入陷阱。

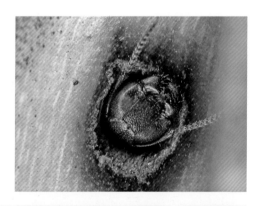

˅ ˃ 潜蚁与猪笼草的关系十分复杂。蚂蚁能够有效地帮助植物消化掉入捕虫囊中的大型猎物。

∧ 许多昆虫，尤其是蚂蚁，都非常喜欢蜜露。蜜露
是一种由吸取树液的昆虫（如蚜）产生的甜液。
昆虫非常喜欢这种甜液，甚至会保护和引导这些
吸取树液昆虫的行为。

蚂蚁、植物与吸取树液昆虫

蚜虫、粉虱、蚧、粉蚧、树蜡蝉、蝉和叶蝉等都是吸取树液昆虫。树液大部
分是水，所以这些动物在进食时，都必须排出多余的液体。甜甜的液滴——蜜露，
就从吸取树液昆虫的后端排出。许多动物对这种甜食都情有独钟，尤以蚂蚁为甚。
蜜露构成了一些蚂蚁 90% 的食物来源，深受这种蚂蚁的喜爱。蚂蚁对待这些吸取
树液昆虫就像对待牛一样——放牧、保护，甚至挤奶。蚂蚁会用触角轻轻抚摸蚜
虫，以刺激其排出蜜露，然后贪婪地享用。这些微型放牧者非常注意保护吸取树
液昆虫，会帮助驱赶捕食者和寄生虫，否则吸取树液昆虫很快就会被消灭。为了
增加蜜露的产量，蚂蚁甚至会将蚜虫转移到更好的觅食地。这种关系也是某些吸
取树液昆虫能够存活得如此成功的原因之一。

蚂蚁、植物与真菌

　　蚂蚁与植物之间最奇特的共生关系还涉及真菌。在寄主树（金壳果）的树枝下，捕蚁会建造小型通道，这些通道看起来就像布满麻点的灰色网状物。蚂蚁会利用从寄主树表面剥落的毛发、自己的唾液和一种特殊培养的真菌来建造这些通道。这种真菌有树脂的作用，可以制成一种纤维垫——基本上就是昆虫的玻璃纤维。这些通道早就为人所知，人们认为它们只是蚂蚁在离开巢穴觅食时的避难所。但事实证明，这些通道的真正用途要恐怖得多。

　　工蚁在这些通道中聚集，它们的小脑袋恰好探出洞口，有力的锯齿状颚大张着。它们在这里埋伏着。不久，一只肥大的蟋蟀就会用它的长肢和敏感的触角前来对树枝进行试探。覆盖在树干表面的绒毛会对步行昆虫起到威慑作用。另一方面，通道的光滑表面似乎还是一个休息或吃点心的好地方。蟋蟀并没有察觉到这个不起眼的通道有何异常，便径直走了上去。蟋蟀可能会用两三只有爪的足去探查孔洞，以找到支撑点。而这时候，等待中的蚂蚁便会发动攻击。它们会抓住蟋蟀足的末端并用力拉扯，将蟋蟀固定在通道的表面。然后，其他工蚁就会冲出来，将蟋蟀其余的肢体和触角拉入洞中，直到蟋蟀被彻底困住。其他工蚁会蜂拥而上，蜇刺蟋蟀。

∨ 这是捕蚁布下的陷阱。它是用寄主植物茎上的绒毛和真菌结合建造的。

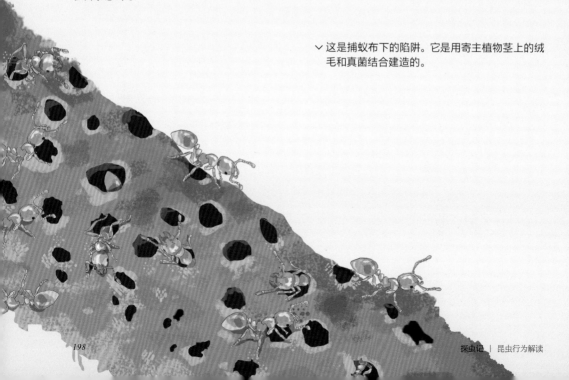

当猎物动弹不得、命悬一线时，蚂蚁们就可以开始它们血腥的工作了。它们会使用坚硬的颚肢解蟋蟀的尸体，切成肉块带回巢穴，那里养育着正在发育的蚂蚁幼虫。这整个策略就是蚂蚁、寄主树和真菌之间共生关系的产物。蚂蚁在树的叶囊中拥有安全的筑巢之地。作为回报，蚂蚁帮助树木清除草食昆虫，这些昆虫急切地想用它们的颚啃食嫩叶。真菌是制造陷阱时用到的黏合剂，但这样被使用后，它就会被蚂蚁培育，并被传播到它自己原本可能到不了的地方。

⌄ 大型昆虫，如这只蚱蜢，误入陷阱后就会被蚂蚁夹住，然后被杀死和肢解。蚱蜢的残骸还吸引了一只黄蜂的到来。

∧ 麦蜂正在照顾树蜡蝉的若虫，同时吸取一滴蜜露。

不止这些

昆虫与其他生物之间的关系通常比最初看起来得更为复杂，这反映了物种之间存在的"权力斗争"。例如，牛角合欢树的蚂蚁会驱逐大多数草食昆虫，但它们对树脂昆虫的吸取汁液行为视而不见，这些昆虫吸食寄主牛角合欢树的汁液，从而使其变得虚弱，并为病菌的侵入提供了机会。蚂蚁之所以容忍甚至保护这些树脂昆虫，是因为这些昆虫产生的蜜露是蚂蚁非常喜欢的。

亚马逊雨林的结节紫莲木与八节蚁之间存在一种共生关系，这些蚂蚁在经过改造的树叶中筑巢。这些蚂蚁会积极破坏树的花蕾，以增加它们的生存空间。花朵因此凋谢，取而代之的是叶子的生长，为蚂蚁提供了更多的栖息地。猴欢属的树木和蚂蚁之间也可能发生类似的事情，但树已经对蚂蚁进行了反击。当树准备

　　　　　　　　　　　　　　　探虫记 | 昆虫行为解读

开花时，某些枝条上的蚂蚁巢穴就开始枯萎并缩小，迫使其中的"居民"逃离，以使树的花朵在没有蚂蚁攻击的情况下自由生长。

　　一些隐翅虫曾被错误地认为是以啮齿类和有袋类动物为食的吸血寄生虫。然而，现在已知这些隐翅虫对其寄主有益。实际上，它们可以清除哺乳动物巢穴中的寄生虫，如跳蚤和螨虫等。我们可以发现隐翅虫会附着在寄主哺乳动物身上，通常在哺乳动物的耳朵后面或尾巴根部。但如果隐翅虫找错了寄主，它们很快就会死亡。

∨ 鼩甲隐翅虫曾长期被认为寄生于哺乳动物身上，但实际上它们通过捕食寄主身上的跳蚤和螨虫而对寄主有益。

变迁中的昆虫世界

昆虫数量在减少吗？

我成长于 20 世纪 80 年代，至今我仍对夜间行车时车灯前漫天飞舞的蛾群、客厅窗户透出的灯光吸引来的大量粪甲虫以及院子里大部分岩石下藏着的紫色步甲等有着深刻的记忆。而如今，这些情景我再也看不到了。

来自世界各地的研究似乎表明，昆虫种群数量普遍下降，其中某些昆虫群体受到的影响比其他群体更大。撇开一些耸人听闻的说法，这些报道是由多项研究引发的。例如，据报道，1989 至 2016 年间，德国的 63 个自然保护区的飞行昆虫生物量减少了 77%。另一项来自德国的近期研究则报告称草地和森林中的昆虫数量也在大幅减少。同样，在波多黎各，1976 至 2012 年间，节肢动物生物量下降了 10% ~ 60%。荷兰的一项研究报告则称，在过去的 130 年中，蝴蝶数量至少减少了 84%。

> ﹀ 当第一次发现紫色步甲时，我就被它深深地吸
> 引了。虽然现在它仍然是一个分布十分广泛的物
> 种，但它的数量很可能已大不如从前了。

探虫记 ｜ 昆虫行为解读

某些大型显眼的昆虫数量确实已经急剧减少，但对于较小的、不太为人所知的昆虫的情况，我们尚不了解。有关这些数量减少的细节情况，在媒体报道中并未体现。

这种类型的研究大多数只关注大型显眼的昆虫。这是因为像蝴蝶、飞蛾和蜻蜓这样的生物更容易找到，并且已经被研究了很长时间，尤其在欧洲和北美洲。荷兰的一项蝴蝶研究可能会让我们对北欧部分地区的几种昆虫物种有更多的了解，但是这对于在婆罗洲死木和腐烂树木深处啃食木头的甲虫，又能说明什么呢？尽管很具有诱惑力，但我们不能将这些数据推广至其他类型的昆虫和世界上的其他地方。同样，如果昆虫数量大幅减少，是基于近40年仅有的两组数据得出的结论，那么我们如何才能够确定第一个样本中的昆虫数量不是因为某种自然现象（例如，周期性的大规模开花活动提供了充足的食物）而异常丰富呢？仅仅依赖生物量来推断昆虫数量减少，而不对所有物种进行识别的做法，是存在问题的，因为与其说是昆虫整体数量减少，不如说我们可能只是看到了少量非常丰富的物种数量在减少。

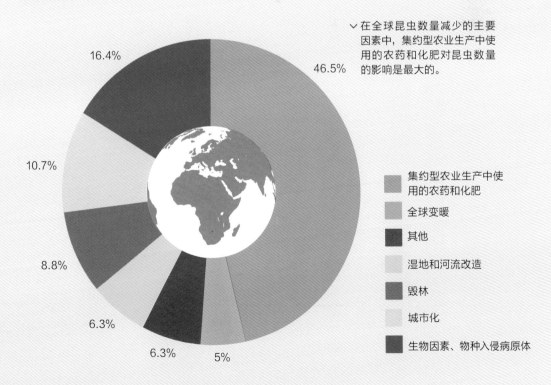

在全球昆虫数量减少的主要因素中，集约型农业生产中使用的农药和化肥对昆虫数量的影响是最大的。

46.5%

16.4%

10.7%

8.8%

6.3%

6.3%

5%

- 集约型农业生产中使用的农药和化肥
- 全球变暖
- 其他
- 湿地和河流改造
- 毁林
- 城市化
- 生物因素、物种入侵病原体

不管媒体如何报道，昆虫是不会快速灭绝的，甚至说它们正在走向灭绝也是一种误解。我们谈论的是一个存在至少 4 亿年的超多样化动物群体，它们已经经受了地球上发生的所有毁灭性灾难事件的考验。它们在形态和生活方式上的多样性，使它们具有极强的适应能力，人类没有办法将其彻底消灭。事实上，即使在我们人类消失之后，它们仍将继续存在。

尽管昆虫没有灭绝，但仍然有很多值得我们担忧的地方，因为昆虫是环境健康的晴雨表，也是一切不妙的早期预警。我们若忽视这些警告信号，后果将不堪设想。昆虫是陆地生态系统和淡水生态系统的关键组成部分。它们在觅食、捕食、食腐和被其他生物捕食的过程中，深刻地影响着这些系统中养分和能量的流动。它们以无数微妙的方式，维持着地球上生命的正常运转。

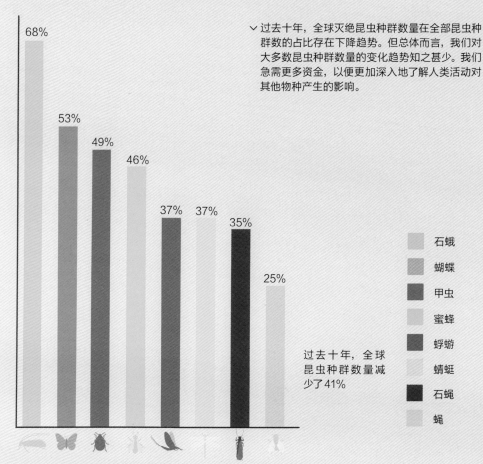

过去十年，全球灭绝昆虫种群数量在全部昆虫种群数的占比存在下降趋势。但总体而言，我们对大多数昆虫种群数量的变化趋势知之甚少。我们急需更多资金，以便更加深入地了解人类活动对其他物种产生的影响。

68%
53%
49%
46%
37% 37%
35%
25%

石蛾
蝴蝶
甲虫
蜜蜂
蜉蝣
蜻蜓
石蝇
蝇

过去十年，全球昆虫种群数量减少了41%

∧ 随着气候变化，野火变得越来越多发和猛烈。虽
　然在某些地区，野火是常见的，但在其他地区，
　野火可能造成严重的毁灭。

是什么导致了昆虫数量减少？

　　昆虫数量减少的原因有时难以解释，但是栖息地丧失、农业集约化（特别是
大规模使用农药）、气候变化、光污染、物种入侵和电磁辐射都是其中最为重要
的因素。人类活动剥夺了昆虫的栖息地，也毒害了昆虫，同时使全球变暖加剧，
这使已处困境的昆虫种群受到更大的压力。

　　对栖息地无休止的破坏，意味着我们在有机会描述或了解这些物种在生命树
上的位置之前，就已经在失去它们。我们用复杂的化学物质灌溉土地，但对于化
学物质如何影响少数生物，我们还只局限于最浅薄的认识。人类活动引发的气候
变化正在使地球变暖，迫使物种迁移、适应或灭绝，并使它们遭受更极端的气候。
不仅如此，温度小幅升高可能会欺骗越冬昆虫过早出现，甚至导致雄性昆虫的生
育能力减半。

理解并逆转昆虫种群数量减少的情况

事实上，我们并不了解昆虫作为一个整体是如何应对这些压力的。与脊椎动物相比，我们对昆虫的了解简直少得可怜。我们已经描述过的昆虫物种大约100万种，但仍有数百万种有待描述。在已经描述的昆虫种类中，绝大多数仅有一个名字而已，我们几乎不知道它们是如何生活的，更不用说种群数量长期的发展趋势了。

只要有时间和耐心，任何人都可以填补这些空白。想要了解好奇心和仔细观察是如何带来惊人发现的，只需看看本书中任何一个充满趣味的讲解。每个讲解都是源于好奇心，并经过仔细观察得出的，而且往往都是多年的观察。

我们需要将自然史视为科学的重要组成部分。我们还需要培养孩子们身上那种天马行空的好奇心，鼓励他们对生命的各种形式都保持好奇。我还没有遇到过一个对自然，特别是对昆虫完全不感兴趣的孩子，所以我们应该尽己所能向他们展示观察和发现的价值与乐趣。昆虫是这方面的最佳选择，因为它们很小，而且无处不在。在非洲大草原观察狮子捕猎，对大多数孩子来说，是遥不可及的事，但每个后院都上演着同样引人入胜的斗争，而且参与斗争的生物更小、更奇特。

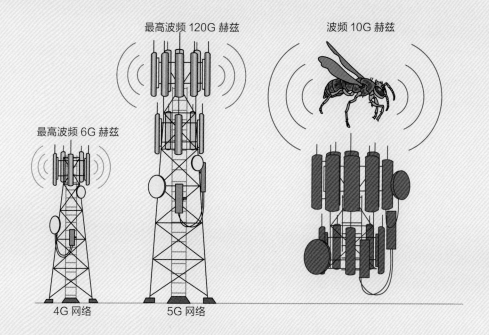

最高波频 120G 赫兹

波频 10G 赫兹

最高波频 6G 赫兹

4G 网络   5G 网络

〈 越来越多的证据表明，我们用于电信的无线电波和微波会对昆虫种群产生影响，很可能干扰它们的导航能力。超过 10G 赫兹的波频似乎就会产生影响，而 5G 网络则可以产生高达 120G 赫兹的波频！我们真的不知道未来这会对昆虫产生怎样的影响。

∧ 仅在过去 40 年间，地球就已经失去了大量的森林植被。森林，特别是热带地区的森林，拥有无与伦比的昆虫多样性。

〉土地转化为农业用地以及农药的使用，正在对全球昆虫种群产生影响。

昆虫学家请回答

昆虫的寿命有多长？

昆虫的寿命各不相同，而且差异巨大。有些昆虫，尤其是蚜虫和苍蝇，可以在几天内完成它们的整个生命周期。蜉蝣及许多其他昆虫的成虫寿命都极为短暂，但这些昆虫的幼虫或若虫往往需要一年多的时间才能发育成熟。在某些情况下，以木为食的甲虫幼虫可能需要数十年时间才能完成发育。

昆虫是如何导航的？

日行昆虫以太阳的位置作为参考点进行定位。它们能够看到偏振光并探测到太阳的角度，因此即使在多云的日子，它们也仍然可以用太阳定位。在晚上，昆虫可以利用月亮的位置来导航，并且至少有一种粪金龟利用银河作为参考点，来保持自己的行进方向。那些必须找到往返巢穴路径的昆虫还会使用视觉地标，例如巢穴入口附近的岩石、石头或其他明显的特征。

昆虫会感到疼痛吗？

所有生物都能对伤害性刺激做出反应。昆虫是否会感到疼痛是一个难以回答的问题。疼痛是一种包含负面情绪的个人主观体验，而昆虫不太可能像我们理解的那样感受到疼痛。尽管如此，昆虫也是生物，它们值得我们尊重。

为什么昆虫在夜晚会被光吸引？

人们认为昆虫这样做，是因为它们利用月亮的位置作为参考点来定位。从本质上说，灯光就是人造的月亮。如今，夜间的人造光如此之多，这对夜行昆虫来说确实是一个问题。人们认为这是导致昆虫种群数量减少的重要因素之一。

昆虫是如何看待这个世界的？

我们其实并不清楚。我们确实了解昆虫眼睛的结构以及不同部位的功能，但是这并不能告诉我们昆虫大脑如何处理光信息并形成图像。我们知道昆虫通常比哺乳动物拥有更多类型的感光细胞。例如，人类有三种类型的感光细胞，一种对红光敏感，一种对蓝光敏感，一种对绿光敏感。而有研究表明，某些昆虫拥有更多的感光细胞，包括能够感知紫外线的细胞。常见的青凤蝶拥有 15 种不同类型的感光细胞，但目前还不知道它们对颜色的感知是否比人类更加优秀。可能其中一类细胞用来追踪天空中快速移动的物体，或者从潜在的配偶或敌人身上反射出特定波长的光。昆虫的复眼似乎非常擅长聚光和探测运动物体。一些夜行昆虫拥有令人难以置信的低光视觉。夜行蜜蜂能够在夜间准确无误地往返于它的巢穴（森林下层的一根空心树枝）。只有极少量的光线能够到达它的感光细胞，但它似乎看得十分清楚。事实就是，要真正了解昆虫如何看世界，我们还要进行大量研究。

黄蜂的存在有什么意义？

我已经记不清有多少次被问过这类问题了。除了繁衍后代，任何生物都没有所谓的"存在意义"。地球上的每一个生物都是相互关联的，它们都为了繁衍后代而努力生活，这就让地球充满了生机。这个问题及其他类似的问题都源于这样的想法：人类高于自然，而其他生物必须对我们有用。

为什么黄蜂或胡蜂喜欢甜食？

这些社会性昆虫的觅食工作者，依靠巢穴内发育中的幼虫产生的甜液生存。当工蜂将猎物（即其他昆虫）带回巢穴时，它们通常会得到一些这种甜液作为奖励。在温带地区，当夏季结束时，巢穴开始衰退，巢穴内发育中的幼虫数量开始减少，这时工蜂就开始在其他地方寻找糖分，例如从掉落的果实和含糖的液体中寻找糖分。

蛾和蝴蝶有什么区别？

实际上，它们没有真正的区别。近期的研究表明，蝴蝶是日行性蛾类，大约在 1 亿年前，蝴蝶从夜行的近亲中分化出来，可能是为了避免被蝙蝠捕食。最早的鳞翅目昆虫是生活在大约 3 亿年前石炭纪末期的小型昆虫。成虫有颚，幼虫可能会在非维管束的陆生植物内部取食。

> 黄蜂并不想要毁掉你的一天，
> 请对它们宽容一些吧！

甲虫是最多样化的动物吗？

我们已描述的甲虫物种确实比其他任何动物都要多——目前约有四分之一的动物物种都是甲虫。与许多其他昆虫种群相比，甲虫一直更受昆虫收藏家的青睐。苍蝇（双翅目）以及蜂、蚁类和蜜蜂（膜翅目）可能比甲虫更具多样性。在这些群体中，有着异常丰富的微小物种，但其中大多数至今仍未为科学界所知。除了昆虫，还有种类繁多的螨虫和线虫，它们可能是最多样化的动物之一。

昆虫会睡觉吗？

日行昆虫通常在夜间休息，夜行昆虫则在白天休息。它们休息的时候，通常都会选择不太显眼的位置。随着夜幕降临，经常能看到独居的蜜蜂和黄蜂处于栖息状态，它们用颚紧紧抓住叶缘或茎干。昆虫不太可能像哺乳动物或鸟类那样睡觉。

昆虫在冬天（或下雨时）会去哪里呢？

在寒冷的冬季，昆虫会在隐蔽的地方度过，通常处于休眠状态。这些隐蔽的地方包括土壤上层，树皮、木头和岩石下方以及洞穴内，甚至在我们人类的房屋里。根据物种的不同，越冬的可能是卵、幼虫或成虫，但无论如何，日照时长和温度的变化都是触发因素。

为什么昆虫学家要杀死昆虫呢？

在大多数情况下，只有细致地观察昆虫身体的微小特征，才能准确地辨识出它们的种类。而这只能在昆虫死亡后才能进行——这并不是昆虫学家乐于去做的事情。世界各地的博物馆收藏了数百万昆虫标本，其中一些甚至是在几个世纪前就已经收集的。这些收藏品是重要的信息库。它们会告诉我们，我们的世界正在如何变化，某些物种如何生活和在哪里生活，以及我们对自然有怎样的影响等。

为什么有些昆虫没有头也能存活？

在大型动物，如哺乳动物中，中枢神经系统由大脑和神经索组成。昆虫的生理结构稍有不同。它们也有大脑和神经索，但它们的神经索沿线还分布着被称为神经节的小脑（神经细胞团）。对于某些昆虫而言，这意味着身体可以在没有头的情况下存活一段时间。但在这种情况下，昆虫存活的机会并不大。例如，没有口器，它就很难进食，不久后它会因虚弱而死亡。

为什么昆虫的种类如此繁多？

昆虫是小型动物，所以有很多极为微小的栖息地能够供它们生存。在适应这些生境的过程中，产生了不同的物种。昆虫通常繁殖能力很强，且世代更替时间很短，这也为自然选择提供了大量的变异因素。所有这些都意味着昆虫物种分化的速度非常快。想象一下一只小型植食昆虫，其幼虫以树叶为食。对这一个物种来说，分化为其他多物种并不是难事，例如，以发育中的豆荚为食的物种、以叶片为食的物种，以及以植物的其他组织为食的物种等。这种情况一直都在持续发生。在短短的 20 代内，一些雄性蟋蟀就失去了歌唱能力，因为它们的歌声吸引了寄生蝇。

为什么海里没有昆虫？

从本质上来说，昆虫是陆生的甲壳纲动物。通过识别不同节肢动物的 DNA，我们可以构建出这些动物的族谱，该族谱表明昆虫是甲壳纲动物的一部分。大约在 5 亿年前，一种甲壳纲动物适应了陆地生活，成为我们今天所看到的所有昆虫的起源。有些昆虫生活在潮间带，甚至有些昆虫（如海黾属）会终生生活在海洋的表面，但没有出现昆虫回到海中，成为完全的海洋生物的情况。我们尚不清楚其中的原因。也许海洋中到处都是小型甲壳纲动物，没有剩余的生态位以供有希望的昆虫利用。不过，这种情况可能不会一直持续下去，也许在 1 000 万年或 1 亿年后，我们今天看到的潮间带昆虫就会衍生出大量的海洋昆虫。

为什么没有体形巨大的昆虫？

昆虫的"呼吸"方式、肌肉结构和外骨骼使它们无法变得体形巨大。随着昆虫体形增大，向组织输送气体的管道系统效率就会越来越低，因此就必须增加用于这一系统的体积比例。将氧气输送到各组织，尤其是末端组织，就会变得越来越困难，直到达到物理极限。数亿年前出现了巨大的节肢动物，比如节胸属。这些动物在地球上活动的时代，大气中氧气的浓度是远高于今天的，这就可能克服为组织提供足够氧气的问题。而大约在同一时期，巨脉蜻蜓也在空中飞翔。如默氏古蜓和二叠纪古蜓等的巨脉蜻蜓，翼展约 70 厘米，但它们的体形比今天最为粗壮的昆虫（例如某些甲虫和维塔虫）要纤细得多。昆虫要生长，就必须蜕去外骨骼。从生物学的角度看，这一过程代价很大，并且危险性极高。它们需要大量的物质来生成新的外骨骼，在旧的外骨骼蜕落后，昆虫体躯就会变得柔软且非常容易受到伤害。因此体形巨大的昆虫甚至可能难以支撑自己的体躯。你可以想象一下，一只 9 千克或 13.5 千克的昆虫幼虫成功地从旧的外骨骼中挤出来，但在新的外骨骼完全硬化之前，它极有可能会被自身的体重压垮。水可以支撑动物的体躯，这就是为什么迄今为止最大的节肢动物都是水生动物的原因。

什么是物种?

这是一个很难回答的问题,没有明确的答案。最广泛使用的定义是基于 1940 年恩斯特·迈尔提出的生物物种概念:"物种是实际或潜在自然繁殖的种群,它们与其他种群在繁殖上相互隔离。"这个定义众所周知,具有一定的吸引力,但它的局限性很大,而且偏向于动物。例如,我们不能将其应用于细菌和许多其他以无性繁殖为繁殖方式的生物。尽管如此,这些生物仍然作为具有共同特征的独立群体存在,因此我们还需要对这个定义进行一定的调整。目前有 32 种不同的物种定义,但没有一种适用于所有生命体。我们必须记住:"物种"的概念是一个很有用的分类工具,但它只是我们人类创造的概念。我们的思维追求有序,我们在理解自然世界时也在寻求秩序,但自然是动态的、模糊的,边界也不明确。不论讨论的是哪些生物,它们的谱系都在随时间的推移而不断地分裂和重组,就像三角洲中交织流动的河流,这是我们能找到的唯一共性。

昆虫是否正在走向灭绝?

不是的。在某些地方,某些种类昆虫的数量已经大幅度减少,但作为一个整体,它们肯定没有走向灭绝。事实上,在我们人类消失后,昆虫还会依然存在。但这并不意味着我们就可以掉以轻心。人类正在以惊人的速度改变着这个世界,给同我们共享这个星球的其他物种带来了巨大的压力。总的来说,我们对昆虫及其种群趋势所知甚少,我们真的不知道我们对这些动物的影响到底有多大。

我们可以做些什么来保护昆虫呢?

我们每个人都可以做出各种选择,以减少对地球及与我们共享地球的其他物种的影响。首先,也是最重要的,就是尽量少购物,无论是食物、衣服还是小物件。我们购买的每一样东西都有一个环境成本标签,而且往往成本很高。供应快餐店的数亿只鸡都以大豆为食,这就对栖息地造成了极大的破坏,尤其是在南美洲。我们所使用的大大小小的电子产品中都有稀土金属,对稀土金属的需求正导致世界许多偏远地方的生态环境遭受严重的破坏,而这些地方原本充满了生机。我们应该思考如何减少化石燃料的使用。少开车,少坐飞机,多走路或骑自行车。在可能的情况下,减少物品的使用量,重复使用,循环使用。从更具体的角度说,尽量避免食用使用大量农药生产的食物,为昆虫提供它们所需的栖息地和资源,使你的花园和绿地成为昆虫的花园。

每天都有热带雨林在逐渐消失，而雨林是很多物种赖以生存的栖息地。首先，道路的修建导致森林支离破碎，使得人们更容易进入并砍伐更大范围的森林。但这些地方都是我们星球的瑰宝。我们必须清醒地意识到我们行为的疯狂。